データサイエンス リテラシー

応用事例と演習から学ぶ「誰も」が身につけたい力

髙橋弘毅・市坪 誠・河合孝純・山口敦子　［著］

実教出版

本書の使い方

　大学や高専，大学院では，単に知識をつけ，よい点数や単位を取ればよいというものではなく，複雑で多様な地球規模の問題を認識してその課題を発見し解決できる，知識・理解を基礎に応用や分析，創造できる能力・スキルといった，幅広い教養と高度な専門力の結合が問われます。その力を身につけるためには，学習者が能動的に学ぶことが大切です。主体的に学ぶことにより，複雑で多様な問題を解決できるようになります。

　本書は，学生が主体となって学ぶために，次のように活用していただければより効果的です。

❶……学生は，必ず授業前に各章の到達目標（学ぶ内容・レベル）を確認してください。その際，学ぶ内容の"社会とのつながり"をイメージしてください。また，その章の内容を事前に学習したり，関連科目や前章までに学んだ知識・理解度を確認してください。⇒ **授業の前にやっておこう‼**

❷……学習するとき，ページ横のスペース・欄に注目し活用してください。執筆者からの大切なメッセージが記載してあります。⇒ **Web に Link，プラスアルファ**

　　　また，空いたスペースには，学習の際，気づいたことなどを積極的に書き込みましょう。

❸……「Let's TRY‼」「Let's TRY‼ グループワーク」に主体的，積極的に取り組んでください。本シリーズのねらいは，将来技術者として知識・理解を応用・分析，創造できるようになることにあります。⇒ **現状に満足せずさらなる高みに‼**

❹……章の終わりの「Web で力だめし」や「あなたがここで学んだこと」で，必ず"振り返り"学習成果を確認しましょう。

　　　⇒ **この章であなたが到達したレベルは？**

❺……わからないところ，よくできなかったところは，早めに解決・到達しましょう。⇒ **仲間など
わかっている人，先生に Help（※わかっている人は他者に教えることで，より効果的な学習
となります。教える人，教えられる人，ともにメリットに！）**

　以上のことを意識して学習していただけると，執筆者の熱い思いが伝わると思います。

WebにLink 💻	🐢 **Webで力だめし**	**＋α プラスアルファ**
本書に書ききれなかった解説資料や事例を Web で公開	主に解説型の章の最後に知識の確認用として設けた Web テスト	本文のちょっとした用語解説や関連する発展的な内容について解説
Let's TRY‼	**Let's TRY‼ グループワーク**	**アンダーライン**
読者に調べてほしいことや取り組んでほしいことを紹介	他の人と意見をぶつけ合い議論することで課題解決力を養う。講義でもグループワークに Let's try!!	本文や図中の下線は「数理・データサイエンス・AI（リテラシーレベル）モデルカリキュラム」に記載のあるキーワード・内容等を示す

※「Web に Link！」「Web で力だめし」は本書の書籍紹介ページよりご利用いただけます。下記 URL のサイト内検索で 「データサイエンスリテラシー」を検索してください。https://www.jikkyo.co.jp/

※本書に掲載された社名および製品名は，各社の商標または登録商標です。

はじめに

データサイエンスとは「データから知識・有用な情報を抽出し，新たな価値を創りだす科学」です。第 1 の科学的手法である経験科学（実験），第 2 の科学的な手法である理論科学，第 3 の科学的な手法である計算科学（シミュレーション），それに続く第 4 の科学的な手法として，すでに私たちの生活に定着しつつあり，かつ，私たちの生活のありとあらゆるところで活用されています。

第 5 期科学技術基本計画[*1]では，目指すべき未来社会の姿としてSociety 5.0[*2]が提唱され，「全ての人がその基礎力を育み，あらゆる分野で活躍できる人材の育成」が急務とされています。

また，政府の「AI 戦略 2019」[*3]では，データサイエンスの素養を涵養し，知識や経験を多分野で活用できる人材の育成を目標にデジタル社会の基礎知識である「数理・データサイエンス・人工知能（AI）」に関する知識・技能などを『すべての大学・高専生』が習得することを具体的な目標としています。

一方で，データサイエンスの定義からも，多岐にわたる幅広い知識・技能を求められることは，容易に想像がつくと思います。大学・高専などにおいては「データサイエンスの素養」について，何をどのように学生に伝えていけば良いのか？という試行錯誤が未だ続いていると思います。

この解決の 1 つの方向性として，幅広い「数理・データサイエンス・AI」に関する知識・技能をカバーすべく，宇宙物理学／オペレーションズ・リサーチが専門の髙橋弘毅教授，教学マネジメント／技術者教育が専門の市坪誠教授，材料物理学が専門の河合孝純教授，計算機生物学／データベース統合が専門の山口敦子教授が，それぞれの専門を生かしタッグを組み考え設計をし，東京都市大学の全学科を対象として行われている数理・データサイエンス教育の中の 1 つである「データサイエンスリテラシー 1，および，データサイエンスリテラシー 2」の講義にて実践をしている内容をベースとして本書を作成しました。

また，数理・データサイエンス教育強化拠点コンソーシアムは「数理・データサイエンス・AI（リテラシーレベル）モデルカリキュラム 〜データ思考の涵養〜」[*4]を公開しています。本書の執筆のきっかけとなった東京都市大学の数理・データサイエンス教育の取組の一部は，文部科学省より「数理・データサイエンス・AI 教育プログラム（リテラシーレベル）」に認定されております。また，本書の内容は，このモデルカリキュラムに準拠しており，モデルカリキュラムに掲載されたキーワード（知識・スキル）の多くを取り上げています。ほとんどの章で，必要最低限の数式のみを用いて（極力数式を用いずに）説明するようにし

*1
内閣府 第 5 期科学技術基本計画
https://www8.cao.go.jp/cstp/kihonkeikaku/index5.html
（2021 年 11 月 2 日閲覧）

*2
サイバー空間（仮想空間）とフィジカル空間（現実空間）を高度に融合させたシステムにより，経済発展と社会的課題の解決を両立する人間中心の社会（Society）。内閣府 society 5.0
https://www8.cao.go.jp/cstp/society5_0/
（2021 年 11 月 2 日閲覧）

*3
内閣府 AI 戦略 2019
https://www8.cao.go.jp/cstp/ai/index.html（2019 年 6 月策定）
（2021 年 11 月 2 日閲覧）

*4
数理・データサイエンス教育強化拠点コンソーシアムモデルカリキュラム（リテラシーレベル）
http://www.mi.u-tokyo.ac.jp/consortium/model_literacy.html
（2021 年 11 月 2 日閲覧）

ています。また，東京都市大学の「データサイエンスリテラシー1」の
講義で実際に使用しているスライドを実教出版 Web サイト（https://
www.jikkyo.co.jp/）*5 にて公開しております。学生のみなさんは，本
書の理解を進めるための補助資料として，また，先生方は，ご自身での
講義などのスライドや補助資料などに使用いただければ幸いです*6。

　本書を通じて，データサイエンスへの興味を喚起し，自ら学んで行く
ためのきっかけになってくれることを期待しています。

　2章のデータサイエンスの応用事例の一部，6章のディープラーニン
グの内容の一部，および，ニューラルネットワークコンソール（NNC）
の使用のサポートや演習内容の選定など，ソニーネットワークコミュニ
ケーションズ株式会社 高橋 伸一郎氏，また，NNC 開発者の小林由幸
氏にご協力いただきました。厚く御礼を申し上げます。

東京都市大学 教育開発機構／総合研究所宇宙科学研究センター
教授 髙橋 弘毅
豊橋技術科学大学 高専連携地方創生機構／IT 活用教育センター
学長特別補佐／教授 市坪 誠
東京都市大学 教育開発機構／総合理工学研究科情報専攻
教授 河合 孝純
東京都市大学 教育開発機構／総合理工学研究科情報専攻
教授 山口 敦子

*5
　本書の紹介ページ（下記
URL）は実教出版 Web サイ
トの書籍検索で検索できます。
https://www.jikkyo.co.jp/
book/detail/22500026

*6
　このスライド資料は，東京
都市大学で実際に実施してい
る各回の講義ごとに分類して
いますが，都合に合わせて自
由にご利用いただけます。
　また，今後資料を充実させ
ていく予定です。
データサイエンスリテラシー
講義資料

目次

第 **1** 部

社会における
データサイエンス・
人工知能活用事例

データサイエンスとは？

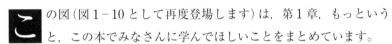

さまざまな分野・立場の「人」が課題解決に取り組むことで人工知能（AI）をフル活用
さまざまな分野・立場からAIの悪用・悪影響を検証，最小限に抑制

- ☐現場のエキスパートとして課題を明確化
- ☐現場とAI専門家をつなぐ「人」
- ☐AI適用範囲や精度の把握
- ☐AIの悪用や悪影響についての評価

AIが何を目指すべきか，
価値基準を与えるのは「人」

データサイエンスのリテラシーレベルの向上が必須

1人1人の「人」が中心となる社会

この図（図1-10として再度登場します）は，第1章，もっという
と，この本でみなさんに学んでほしいことをまとめています。

データサイエンスにかぎらず，物事を学ぶ際にはその目標をしっかり
持って学ぶことが重要です。また，学んでいるみなさんと，伝えている
私たち双方の「目的意識」や「使用する言葉の意味」が違うと，ちぐは
ぐになり，学んでいるみなさんは「結局学びたいことがわからずじまい」，
伝えてる私たちからすると「伝えたいことがうまく伝わらない」という
ことがよくあります。目的意識を合わせ，さらに使用する言葉の理解と
統一（定義）をしておくことが重要になってきます。

●この章で学ぶことの概要

社会のいたるところでデータサイエンスや人工知能の活用が拡大され
てきている，あるいは，今後されていくいま「なぜ，データサイエンス
リテラシーを学ぶのか？」をさまざまな視点から見ていきましょう。ま
た，データサイエンスリテラシーを学ぶための基本的な用語についても
理解しましょう。

●この章の到達目標

1. 「データサイエンスリテラシーとは何か」を説明できる
2. 「なぜ，データサイエンスリテラシーを学ぶのか」をさまざまな視
   点から説明できる
3. 「データサイエンスリテラシー（本書）では何を学ぶのか」を理解できる
4. データサイエンスリテラシーを学ぶための基本的な用語について
   説明できる

以下の用語について調べてまとめておこう。

(ア) データサイエンス

(イ) リテラシー

(ウ) 人工知能

(エ) 機械学習

(オ) ディープラーニング

(カ) IoT

(キ) ビッグデータ

1 1 データサイエンス・人工知能・機械学習・ディープラーニング

まず，みなさんに質問です。

Q：データサイエンス（Data Science: DS）とは何でしょうか？　また，人工知能（Artificial Intelligence: AI）や機械学習（Machine Learning: ML），最近よく耳にするディープラーニング（Deep Learning: DL）[1] との関係性はどのようになっているのでしょうか？

*1
深層学習ともいいます。

A：データサイエンスや人工知能の包含する内容は研究者や分野によって解釈が異なる場合がありますが，本書では下記のように定義します。また，図 1-1 のような関係性があります。

データサイエンス：データを用いて新たな科学的および社会的に**有益な知見**を引き出そうとするアプローチ・技術

人工知能：言語の理解や推論，問題解決などの**知的行動を人間に代わって**コンピュータに行わせる技術

機械学習：機械に学習させることによって，明示的なルールを与えないで**機械が自ら判断する**技術

ディープラーニング：大量のデータから機械が**自動的にデータの特徴を抽出**してくれるニューラルネットワーク（Neural Network）[2] を用いた技術

*2
詳しくは，6章でも学びます。

図1-1　データサイエンス，人工知能，機械学習とディープラーニング
　　　　の本書での定義と関係性

　データサイエンスの中に，人工知能という技術があり，人工知能の中
にさらに機械学習，機械学習の中に深層学習が含まれるという関係性で
あることが見て取れます。

1　2　なぜデータサイエンスリテラシーを学ばなければならないか？

　さらに，みなさんに質問です。

　Q：リテラシー（Literacy）という言葉を聞いたことがありますか？

　A：リテラシーとは：ある分野で用いられている「言葉」を理解・
　　　整理し，活用する能力のことを指します。すなわち，**読み書き**
　　　のような最低限持っているべき素養，知識ということになりま
　　　す。現代には，さまざまなリテラシーがあります。たとえば，
　　　ICT リテラシーやメディアリテラシー，金融リテラシー，環
　　　境リテラシーなどです。

　本書のタイトルにある「データサイエンスリテラシー」とは，データ
サイエンスの定義とリテラシーの定義を照らし合わせてみると「**データ**
を用いて新たな科学的および社会に有益な知見を引き出す上で最低限持
っているべき素養・知識」と理解できます。

　なぜ，データサイエンスリテラシーを学ばなくてはならないのでしょ
うか？

　この問いに関する答えをさがすために，私たちの社会で起きている変
化とともに整理しながら見ていきましょう。

1-2-1 人手不足と長時間労働

　日本においては，今後，総人口の減少はもとより，年少人口（0歳から14歳），またとくに，生産年齢人口（15歳から65歳）の減少が予測されています。一方で，老年人口（65歳以上）の増加が予想されています。これから労働人口の減少により1人が複数の業務を管理・実施したり，熟練者の引退によるノウハウ引き継ぎがうまくいかないなどが問題になりうることが容易に予想できます。これらの対策のため，型どおりの業務の自動化やノウハウの文書化，数値データ化が重要になってきます。

　「労働生産性の国際比較2020」（公益財団法人・日本生産性本部）のデータによると，日本の時間当たり労働生産性は46.8ドルで，OECD加盟36カ国中21位となっており，時間当たり労働生産性の「低さ」が見て取れます。

　これらの対策のためには，ロボット化・機械化によって，1人当たりの労働時間を削減し，長時間労働を是正したり，成果に影響のない業務や作業の適切な分担（最適化）によって働き方を改善するなどが有効であると考えられます。

　すなわち，人が体力的に困難だった単純作業は，人工知能を搭載した機械に置き換えることが，今後求められてくるでしょう。

1-2-2 社会課題の複雑化・高度化

　図1-2に社会課題の例を示します。社会の課題の複雑化が進んでいることは明らかです。たとえば，コンビニ弁当の需給予測を考えてみても，まわりで行われるイベント，季節，天気，立地などさまざまな点を考慮して行わなくてはなりません。また，違うメーカーが作った装置を組み合わせた製造装置の運用を工場の現場では行わなくてはならないこともあるでしょう。これらの例を見ても，人には複雑にからみ合った複数の要因の関係は理解が難しいことがわかると思います。

　また，いままで以上に高度な分析が必要とされています。たとえば，会社のデータに普段アクセスしない人がアクセスしていることを検知したり，車が通ったときの橋の振動が普段と違ってきたので点検・修理が必要と判断したりすることも必要になってくるでしょう。

　このように，人が計算力・記憶力的に困難だった作業を機械に置き換えることにより社会課題の複雑化・高度化に対応していくことが求められてきている現状があります。

図1-2 社会課題の例

1-2-3 IoTによるデータの質と量の増大（ビッグデータ：Big Data）

　ウェアラブル端末が代表するように，さまざまなセンサの小型化，低電力化や高精度化が進んできました。そのため，さまざまなデータを直接，高頻度で計測・検知することが可能になってきています。すなわち，図1-3に示すように，低コストで種々の「もの」からデータが収集可能になってきています。

　また，ネットワークの無線化，高速化，大容量化が進められるにつれて，あらゆるデバイスがインターネットにつながるIoT（Internet of Things）が推し進められていくことになるでしょう。すでに，世界のデータ通信量は月間40エクサバイト（1エクサバイト＝10^{18}バイト）[3]ともいわれています[4]。

　いまでは，これまで取得が困難だった，時系列の人体から取得できる生体情報や個人のつぶやき，活動情報，各種機器の稼働状況など多種多様なデータを大量・長期に取得可能になってきています。

[3]
　2019年のデータ。2020年，および，2021年には，新型コロナウィルスの影響で，もっと多くの通信がなされていると予想されます。

[4]
　広辞苑1兆冊分データ：重ねた厚さは約1億kmに対応するとのこと。

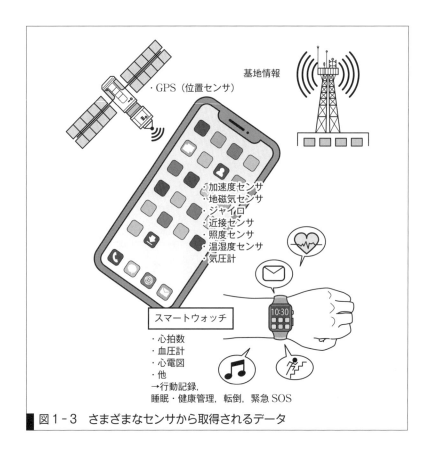

図1-3　さまざまなセンサから取得されるデータ

1-2-4 人工知能技術の飛躍的な進化

　現在は，第3次人工知能ブームなどといわれています。図1-4に示すように，人工知能技術の進化には3つのブームが大きな役割を果たしてきました。第1次ブームと呼ばれる1950年代では，難しい迷路やパズルが解けるといった，決められたルールの中で，次の一手をさがすということができるようになっていました。第2次ブームと呼ばれる1980年代では，専門分野の知識を取り込み，条件にあった専門的な答

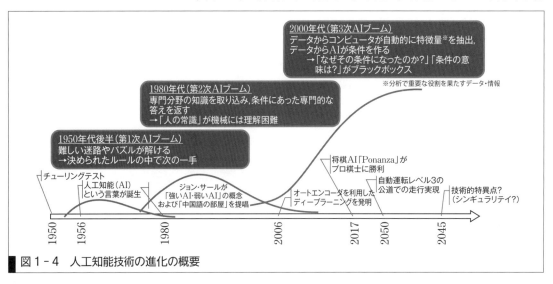

図1-4　人工知能技術の進化の概要

えを返すということが可能になっていました。そして，第3次人工知能ブームである2000年代には，たとえば，Deep Blue (IBM) がチェス世界チャンピオンに6戦中2勝1敗3引き分けで勝利したり，IBM Watson がクイズ番組でクイズ王に勝利したり，Alpha Go が人間のプロ棋士をハンディなしでやぶったなど驚くべき進化をしています。

　図1-5は，写真に何が写っているのかを正しく判別するための人工知能を構築するコンテストの結果を示しています。1000の物体が答えの候補として存在していますが，人工知能がそれを間違えた割合（誤答率）を各年代別に示しています。図1-5から，年々，人工知能の誤答率が改善されていることが見て取れます。すなわち，人工知能の性能は，年々上昇し，さらに特筆すべき点は，右に示している人間の誤答率を，2015年に人工知能が下まわった（2015年に初めて人間の判別力を凌駕した）ということです。

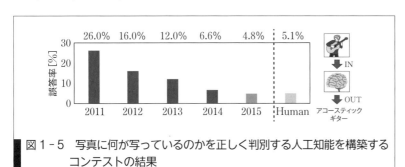

■図1-5　写真に何が写っているのかを正しく判別する人工知能を構築するコンテストの結果

　このめざましい人工知能の進化は，IoTによるデータの質と量の増大と計算機の処理性能の向上，さらには，ディープラーニングを中心とした人工知能の分析精度が飛躍的に向上したことが関係しているといってよいでしょう。

　さらには，図1-6に示すようなプログラムのフレームワーク（ライブラリ）構築[5]によって容易に独自の人工知能を作成可能になったという点も人工知能の飛躍的な進化に少なからず貢献しているといってよいでしょう。

*5
　プログラムを開発するときの土台として機能させるソフトウェアのこと。

AIでよく用いられる計算プログラムをライブラリ化
＜機械学習＞
Numpy (ナムパイ)，Pandas (パンダス)，SciPy (サイパイ)
Matplotlib (マットプロットリブ)，Scikit-Learn (サイキット・ラーン)
＜ディープラーニング＞
Pytorch (パイトーチ)，TensorFlow (テンソルフロー)，Keras
(ケラス)，Chainer (チェイナー)

※ライブラリ…よく使ういくつかのプログラムをまとめたプログラム集
他のプログラムによく使う機能を提供するコードの集まり

■図1-6　人工知能のフレームワーク（ライブラリ）の例

*6
　集積回路上のトランジスタ数は「2年で倍増する」(指数関数的な増加)という法則。

1-2-5 計算機の処理性能の向上

　ムーア(Moore)の法則(1965)*6に代表されるように，1チップ当たりのコストに対するコンピューティングパワーが増大してきました。また，Graphics Processing Unit (GPU) によるグラフィック演算処理の高速化が進んでいます。このGPUを利用した，単純だが大量の演算の高速化は，人工知能や深層学習には欠かせないものとなっています。さらには，量子計算機の実用化に向けた研究が進められ，特定の最適化問題を高速化することが可能になりつつあります。

　すなわち，半導体デバイス性能が急速に向上し，大量データの処理を高速にできるようになってきています。

1-2-6 データサイエンス・人工知能の活用

　いままで見てきたとおり

　　　IoTによるデータの質と量の増大(Big Data)

　　　人工知能技術の飛躍的な進化(AI Technology)

　　　計算機の処理性能の向上(Computer Power)

　この3つをうまくかけ合わせて(図1-7参照)，社会が直面しているさまざまな重要課題を解決(Solution)できる可能性が生み出されてきています*7。

*7
　具体的な事例は2章で見ていきます。

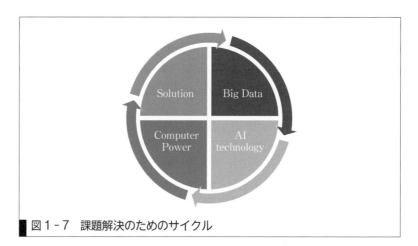

図1-7　課題解決のためのサイクル

　このように，仮想空間(サイバー空間)に集められたデータと現実世界(フィジカル空間)をデータサイエンス・人工知能を使ってつなぐことによって，経済発展と社会課題のようなこれまで両立することが難しかった複雑な問題を解決し，すべての人々が暮らしやすい社会＝Society5.0(図1-8)を実現できるのではないかと期待されています。

図1-8 Society5.0の概念図（内閣府作成）
　　　（https://www8.cao.go.jp/cstp/society5_0/society5_0.pdf）

1　3　データサイエンスリテラシーでは何を学ぶのか？

　1-2節では，社会のいたるところでデータサイエンス・人工知能の活用が拡大されてきている，あるいは，今後されていくだろうという話をしてきましたが，そのメリットやデメリットの観点からもう少し考えてみたいと思います。

1-3-1　メリット

　まず，データサイエンス・人工知能の活用が考えられている例を図1-9に示します（本当にほんの1例です）。たとえば，業務の自動化・効率化が可能になることにより，クリエイティブな仕事に専念できるようになり，モチベーションの向上や労働力不足の解消に貢献できるということがあげられます。また，ビッグデータをきちんと分析・予測することにより，いままでは経験や勘に基づいて行われていた意思決定などが，よりデータに基づく客観的な判断を行えるようになります。直感や経験に基づいた判断（早い思考）だけではなく，データから必要な情報を整理して抽出するデータに即した判断（遅い思考）ができるようになることが重要といえます。

　これらにより「より便利な生活が手に入る！」といってもよいでしょう。さまざまな立場・分野の人がこれらの実現のためにさまざまな開発に参画し，新たな課題解決のアイデア提供をしているのが現状です。そのため，データサイエンスリテラシーを学び，これからの社会に出て活躍する人（この本の読者のみなさん）には

　　現場のエキスパートとして課題を明確化できる能力

　　現場と人工知能専門家をつなぐ能力

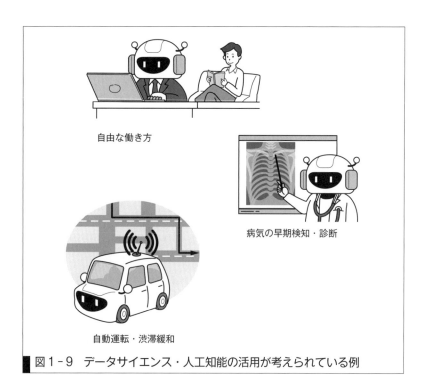

自由な働き方

病気の早期検知・診断

自動運転・渋滞緩和

図1-9　データサイエンス・人工知能の活用が考えられている例

　　　　　データを起点としたものの見方
を学び身につけてもらいたいと考えています。

❶-❸-❷ デメリット

　よく，人工知能やデータサイエンスを活用することで単純作業を効率
化し労働時間を削減できるが，一方で「雇用が減る」というデメリット
があると解釈されることがあります。

　また，人工知能が行った予測などの責任の所在のあり方も，まだまだ
議論の余地があります。たとえば「人工知能で犯罪を予測」ということ
を考えた場合に「人工知能なら公平」なのでしょうか？　人工知能を使
用した再犯予測プログラムは，誤認逮捕を助長しないでしょうか？　ま
た，さまざまなデータを駆使して，犯罪発生地域の予測をすることも非
常に有効でしょう。一方で，犯罪発生地域として予測されてしまった地
域に住む人の差別や偏見につながらないでしょうか？　もし，このよう
なことが起きた場合には，誰が責任を持つのでしょうか？

　人工知能による解析は，思考のプロセスが見えにくい（ブラックボッ
クス化していてよくわからない）という指摘もあります。たとえば，優
秀な人材を発掘するためや採用候補者の退職確率や活躍度を予測するた
めに，人工知能を使った人材採用システムを採用した際に何が起こると
考えますか？　優秀な人材の発掘に対して，システムの提案した理由が
不明確だったり，システムの人工知能の学習データが偏見を含んでいた
り，かたよっていることで人工知能は偏見を持って予測してしまうとい

うことが起こる可能性も否定はできません。

　これらは「人工知能やデータサイエンスの誤用や誤った解釈」が原因と考えられます。そのため，データサイエンスリテラシーを学び，これからの社会に出て活躍する人（この本の読者のみなさん）には

　　人工知能の適用範囲や精度の把握ができる能力

　　人工知能の悪用や悪影響についての評価できる能力

を学び身につけてもらいたいと考えています。そして，さまざまな分野・立場の「人」が課題解決に取り組むことで人工知能をフル活用するとともに，悪用・悪影響を検証し最小限に抑制することが大切です。つまり人工知能が何を目指すのか価値基準を与えるのは人工知能でもその専門家でもなく，さまざまな分野・立場の「人」であるということです。

　以上をまとめてみると図1-10のようになります。

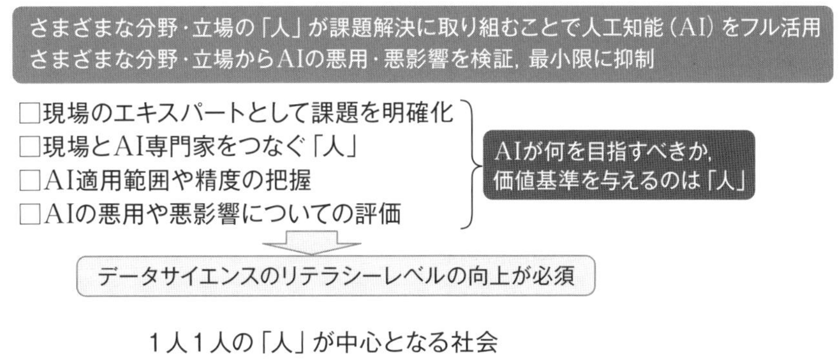

さまざまな分野・立場の「人」が課題解決に取り組むことで人工知能（AI）をフル活用
さまざまな分野・立場からAIの悪用・悪影響を検証，最小限に抑制

☐ 現場のエキスパートとして課題を明確化
☐ 現場とAI専門家をつなぐ「人」
☐ AI適用範囲や精度の把握
☐ AIの悪用や悪影響についての評価

AIが何を目指すべきか，価値基準を与えるのは「人」

データサイエンスのリテラシーレベルの向上が必須

1人1人の「人」が中心となる社会

図1-10　データサイエンスリテラシーで身につけたい能力

　第1部の第2章では，さまざまなデータサイエンスの応用事例を学び，実際の事例からアイデア力をきたえます。第2部では，データの可視化の体験やディープラーニングによるデータ分析を実施し，容易（簡易）に分析できることを体験し，さらに第3部では，オープンデータ・オープンサイエンスについて学び，それぞれより深い知識への導入とします。第4部では，SDGsの課題について取りあげ，その後，グループワークを通じてデータサイエンスや人工知能を用いた課題解決の提案をしてもらいます。さらに，第5部では，第4部までに学んだことをもとに，独自にデータを取得し，ダッシュボードを作成する課題にチャレンジし，第4部と第5部を通じて，課題解決に向けたプロセスの体験をしていきます。

　データサイエンスリテラシー（本書）では，以上を体験・学ぶことを通じて，図1-10に示していた能力を身につけていきます。

Let's TRY!! グループワーク

各自が「データサイエンス」「人工知能」「データ分析」について，興味を持っているテーマや事柄，なぜ興味を持ったか，また，そのメリット，デメリットについて議論してみよう*8。

Webで力だめし

実教出版 Web サイト (https://www.jikkyo.co.jp/) の本書の紹介ページから，Web テストページへのリンクがあります。学習の確認などにご活用ください*9。

*8 WebにLink
議論内容をまとめるシートのリンクがあります。
第1章 ワークシート「身近な DS のメリット・デメリット」

*9
第1章 Web（確認）テスト

あなたがここで学んだこと

この章であなたが到達したのは
- □「データサイエンスリテラシーとは何か」を説明できる
- □「なぜ，データサイエンスリテラシーを学ぶのか」をさまざまな視点から説明できる
- □「データサイエンスリテラシー（本書）では何を学ぶのか」を理解できる
- □データサイエンスリテラシーを学ぶための基本的な用語について説明できる

この章では「なぜ，データサイエンスリテラシーを学ぶのか？」をさまざまな視点から見てきました。また，データサイエンスリテラシーを学ぶための基本的な用語についても学びました。これから「なぜ学ぶのか，何を学ぶのかは」を理解しておくことは重要ですので，自分の言葉で説明できるようにまとめておきましょう。

1 —部 2 —章

データサイエンスの
応用事例

デ ータサイエンスを学んでいくにあたり，まず，データサイエン
スが私たちの生活の中で，どのように生かされているのかや応
用されているのかを見ていきましょう。私たちが普段使っている身近な
製品サービスでどのように使用されているのか，社会・産業システムで
はどのような課題に対して，データサイエンスが適用され，課題を解決
しようとしているのか，本章ではいくつかの例をピックアップして見て
いきましょう。

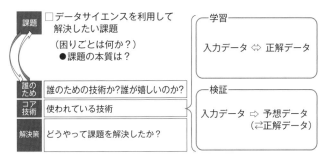

この図は，第2章で何をポイントにデータサイエンスの応用事例を見
ていくかをまとめています。

●この章で学ぶことの概要

私たちの生活の中でデータサイエンスがどのように応用されているの
かを，おもに

1. データサイエンスを使用して解決したい課題（困りごとは何か）
2. 誰のための技術か？誰が嬉しいのか？
3. コア技術（使われている技術）
4. 解決策

の4つの視点に，焦点を当て学んでいきましょう。

●この章の到達目標

1. 私たちの生活の中でのデータサイエンスの応用事例を4つの視点か
   ら説明できる
2. 応用事例を通じて，データサイエンスの重要性を理解できる

2 1 身近な製品サービスでの応用事例

2-1-1 機械翻訳

　突然ですが，みなさん英語は得意ですか？英語をうまく話せたらなぁ，書けたらなぁ，という場面に出くわしたことはありませんか？英語にかぎらず，他言語でコミュニケーションを取るのは，なかなか難しいものですね。

　そこで，この翻訳という課題に対して，機械翻訳というサービスが考えだされてきました。たとえば，Weblio（https://translate.weblio.jp/），Google 翻訳（https://translate.google.com/）や DeepL（https://www.deepl.com/）などが有名ですが，これらのサービスをみなさんも一度は使用したことがあるのではないでしょうか？

　まず，機械翻訳について，課題（困りごとは何か），誰のための技術か？誰が嬉しいのか？，コア技術（使われている技術），解決策の4つの視点からまとめてみると図2-1のようになります。

課題	□言語の翻訳 ●他言語・多言語で多くの人と意思疎通を図りたい ●間に人を介さないでやりとりをしたい →でも，言語習得には多大な時間と労力が必要…
誰のため	他言語を話す人とも意思疎通を図りたい人 他言語・多言語で情報をすぐに発信・受信したい人
コア技術	機械翻訳（ルールベース，フレーズベース，ニューラベルベース）
解決策	元の言語の文章等を入力すると所望の言語に翻訳して出力 ・テキストデータを入力すると所望の言語でのテキストを出力 ・声で入力し，声で出力することも可能（カメラで文字入力も可） →インターネットにつながる機器から入出力することで同時通訳に近い使い方も可能

図2-1　機械翻訳についてのまとめ

　たとえば「東京駅への行き方を教えてください」などというような，短く，かつ，きちんとした日本語から英語への翻訳は "Please tell me the way to Tokyo Station." や "How do I get to Tokyo Station?" など，翻訳に若干の違いがあるにせよ，うまく翻訳ができているように なっていると思えますね。一方で，短文でも口語的な表現である場合や長い文書の場合には，うまくいかない場合が多いのが現状です。また，英語（他言語）から日本語への翻訳も同様な傾向にあるようです。

Let's TRY!

Weblio（https://translate.weblio.jp/），Google 翻訳（https://translate.google.com/）や DeepL（https://www.deepl.com/）のなどの翻訳サイトにて，まず，本文に出てきた

1. 「東京駅への行き方を教えてください」

を，それぞれのサイトで英語に翻訳してみよう。その後，翻訳された英語を再度日本語に翻訳してみて意味が通じるかどうか確認してみよう。

次に，友達とお昼を食べにいきメニューを決めて注文する場面を思い浮かべてください。その際に，あなたは

2. 「注文は，私はオムライス，彼はうなぎです。」

と店員さんに英語で伝えたいです。それぞれの翻訳サイトでは，どう翻訳してくれるでしょうか？　確かめてみましょう。また，翻訳された英語を再度日本語に翻訳してみて意味が通じるかどうか確認してみよう。うまく翻訳できましたか？

機械翻訳にて，使用している技術について紹介をしていきましょう。

機械翻訳のステップでは，一般的に

1. 形態素解析[*1]
2. 構文解析
3. 意味解析
4. 文脈解析

が行われます。

また，基本となる手法により，ルールベース機械翻訳，フレーズベース統計型機械翻訳，ニューラルベース機械翻訳があります。

ルールベース機械翻訳は，構文（ルール）とともに，蓄積された過去の翻訳文や単語，用例のデータを利用して，翻訳結果を導きだします。そのため，さまざまな構文や単語・熟語を学習する必要があります。

フレーズベース統計型機械翻訳は，ルールベース機械翻訳のプロセスに加えて，単語間のよくある組み合わせ[*2]から得られる統計）から，単語の意味を予測して翻訳をします。

ニューラルベース機械翻訳は，ディープラーニング[*3]を利用した翻訳方法で，最も細かいニュアンスまで反映でき，自然な翻訳が可能といわれています。

機械翻訳を使うことにより，知らない他言語を習得しなくても，翻訳して多言語で表現できるようになってきました。また，同一の言語を話せなくても気軽に意思疎通が図れるようになってきています。より具体

*1
＋α プラスアルファ
　形態素解析とは，最初に実行する処理で，テキストから対象言語の文法や，辞書と呼ばれる単語の品詞などの情報に基づき，言語で意味を持つ最小単位に分割し，品詞などを判別する作業です。

*2
　対訳情報（コーパス）などといいます。
*3
　詳しくは第6章で学びます

的には，たとえば，Webサイトやブログを自国語に翻訳したり，レストランでの注文や説明の翻訳，Webサイトやブログの他言語対応などが実現可能になってきています。これ以外にもさまざまなところで恩恵を受けているといってよいでしょう。

　一方で，まだまだ翻訳のクオリティには，問題があります。また，翻訳には高度な計算が必要なためインターネット経由で大型の計算機に接続が必要です。これらの課題を今後解決していく必要がありそうです*4。

2-1-2 コミュニケーションロボット

　みなさんペットを飼っていますか？どんなペットが好きですか？

　たとえば「ペットは好きだけど，アレルギーがあり飼えない」や「十分に面倒が見れないので飼えない」など，ペットと暮らしたくてもさまざまな事情があり，飼えないのが現状だという人も多くいるのではないでしょうか？

　そこで，この課題に対して，コミュニケーションロボットが開発されてきました。たとえば，ソニーのaiboというロボットなどが有名ですね。また最近ではペット型にかぎらずさまざまなコミュニケーションロボットが開発されていますので，一度は耳にしたり，見たりしたことがあるのではないでしょうか？

　まず，コミュニケーションロボットについて，課題（困りごとは何か），誰のための技術か？誰が嬉しいのか？，コア技術（使われている技術），解決策の4つの視点からまとめてみると図2-2のようになります。

　コミュニケーションロボットで使用している技術について，紹介をしていきましょう。コミュニケーションロボットには，カメラが搭載されています。その撮影画像（魚眼レンズ画像など）から顔の検出をし，その顔を記憶します。さらには，顔認証による飼主の検知などをしています。また，部屋の中を歩き回って空間を認識し，人や充電器の位置を確認するということも行っています。これらには，顔の認識や識別技術やディープラーニングが用いられています。

課題	□ペットが好きだけどアレルギーがあって飼う事ができない
	□ペットを飼いたくても十分に面倒が見られない
誰のため	ペットを飼いたいが，高齢やアレルギーなどのために飼うことができない人
コア技術	カメラ映像から，AIにより誰がいるのか，ここはどこなのか，まわりに誰がいるのかを理解し行動を変える。呼ばれた方向も認識
解決策	犬を飼っているような体験ができる ・周りの環境を理解し，状況にあった行動や仕事で癒しを与える ・オーナーとのやりとりを学習し，1体1体異なる成長を楽しめる ・知らない人には威嚇

■ 図2-2　コミュニケーションロボットについてのまとめ

　また，褒められ方などの状況を，個々のロボットがエピソードとして記憶したあと，その個々のロボットのエピソードをインターネットを介してクラウドにも大量に蓄積します。さらに，この大量のデータを用いて持ち主に愛される行動をクラウドで学習し，そのクラウドで学習した結果を個々のロボットにフィードバックすることにより，人の顔や触れ合い，体験により，性格や動きが変化するロボットが実現可能になってきています。すなわち，個性が生まれリアルなペットを飼っている体験ができるようになってきています。

　一方で「ペットが餌を食べている時間（充電時間）」のほうが長い（充電時間（3時間）＞連続稼働時間（2時間））という課題があるようです。

　最近では，コミュニケーションロボットを，家族の見守りや検診への利用また，育児補助に使用する検討なども行われているようです。

次に，社会や産業でどのようにデータサイエンスが活用されているかを見ていきましょう。

2-2-1 生産システム：きゅうりの等級の分類

農業の分野においても人工知能が活用されつつあります。収穫した野菜や果物は等級により仕分けされ出荷されます。この等級の分類は，手作業でとても時間がかかる作業である一方で，仕分け作業には，明確な基準はなく熟練者の勘と経験に基づいて行われているのが現状です。

ここでは，きゅうりの等級の分類について例にとり，課題（困りごとは何か），誰のための技術か？誰が嬉しいのか？　コア技術（使われている技術），解決策の4つの視点からまとめてみると図2-3のようになります。

課題	□ きゅうりの等級仕分け作業は明確な基準はなく，主観的（経験的） □ 小規模農家では手作業で時間がかかるが，一般の人にはできない
誰のため	選果場のない地域の入手が欲しい小規模農家
コア技術	ディープラーニングを使った画像識別によるきゅうりの等級分類
解決策	等級分類の自動化 ・カメラで取得した画像をもとにきゅうりの等級，長さ等を表示 ・台上の複数本のきゅうりを数秒で等級識別し，手で仕分け →仕分けの均質化，経験のない人も作業可

図2-3　きゅうりの仕分け（等級の分類）システムについてのまとめ

きゅうりの仕分け（等級の分類）システムには，ディープラーニングを用いた画像識別技術を使用しています。「2L，L，M，S，2S，B大，B中，B小，C」という9等級があり，それぞれにきゅうりを分類する9のクラスへの分類問題[5]を考えることになります。ここで紹介する深層学習では，9等級の正解情報（ラベル）がついた36000枚のきゅうり画像を準備し，この学習データ[6]を用いて，きゅうり画像と各等級との関係性を学習（モデル化）します。この関係性を見出すことにより，新たなきゅうりの画像からその等級を推定（出力）することが可能になります。

実際のシステムでは，仕分け台の上にきゅうりを複数本置き，上部カメラで撮影し，それを人工知能が認識し，きゅうりの等級と長さなどを表示します。さらに表示に従って，きゅうりを人が仕分けそれぞれの箱

[5]
教師あり学習であるクラス分類問題については3-1節で学びます。

[6]
データの種類についても3-1節で学びます。

に入れるという運用をしています。これにより，熟練者ではない人でも従来の1.4倍くらいのスピードで仕分けが可能かつ仕分けの質が一定になりました。一方で，現状では，80％程度の精度であり改善が必要とされています。さらに，季節による基準の変化には，再学習が必要または調整（キャリブレーション）が必要とされています。等級が判別されたきゅうりを箱に詰めたりする人は必要であり，人件費がかかってしまうという問題もあるようです。さらに，この作業に従事しても，仕分けをする人の技術向上は期待できないという点は，悩み（ジレンマ）ではないでしょうか。

みなさんもお気づきかと思いますが，このシステムは他の野菜の仕分けにも流用可能である点で，非常に発展性があるといってよいでしょう。

2-2-2 流通システム：コンビニ・スーパーの機会損失・廃棄ロス低減

コンビニやスーパーなどで大量の食品が廃棄されてしまうということが問題になっていることをみなさんニュースなどで耳にしたことがあると思います。データサイエンスや人工知能を用いたこの問題に対しての取り組みについて見ていきましょう。

みなさんがコンビニやスーパーに買い物に行った際に，もし目当ての商品が品切れになっていたら，どう思うでしょうか？「もうこの店には買いに来ない！」なんて思ってしまいませんか？ そうです，商品が品切れを起こしてしまうと，お客様にものを売る機会を失う（さらには顧客離れ）につながってしまいます。一方で，商品を大量に発注してしまうと，それをずっと抱え込むこと（在庫が発生）や廃棄しなくてはならなくなってしまいます。商品の発注作業には抜群の勘と経験が必要とされていることが，これらの例からもわかると思います。そのため，発注の担当者の勘と経験をいかに育てていくかが大事なことでした。ここで，課題（困りごとは何か），誰のための技術か？誰が嬉しいのか？ コア技術（使われている技術），解決策の4つの視点からまとめてみると図2-4のようになります。

課題	□商品発注業務の正確性 ●発注量不足＝顧客離れ ●発注量過剰＝在庫発生 □ベテラン担当者の知識と経験 ●慢性的な人材不足で継承難
誰の ため	人手が足りず，発注作業が大きな負担となる担当者 商品発注ノウハウがない担当者・店舗
コア 技術	ホワイトボックス型のAIによる，天候やイベントなどの環境下での 時間帯ごとの各商品需要の予測
解決策	各商品の時間帯ごとの需要予測 ・天候やイベント等の環境情報に基づく時間帯ごとの商品需要予測 ・各商品の需要予測をもとに発注することで作業時間を低減 →在庫・機会損失の低減，発注作業負担の低減

■ 図2-4 コンビニ・スーパーの機会損失・廃棄ロス低減についてのまとめ

*7
　ホワイトボックス型の人工知能については3-3節にて詳しく解説します。

　この課題の解決のための取り組みの1つである，ホワイトボックス型の人工知能[7]による，天候やイベントなどの環境下での時間帯ごとの各商品需要の予測を見てみましょう。この人工知能は，過去の天候やイベントなどの環境ごとの各商品の時間帯ごとの売上を学習データとして用いて学習をします。こうすることで，天気予報やイベント情報から各商品の売上を，この人工知能で予測することが可能になります。発注の担当者は，この予測に基づき商品を発注すればよいことになります。この人工知能を用いることで，発注業務の時間を約35％削減，商品の欠品率の約27％減少し，さらには，廃棄ロスの削減（フードロスの削減）が実現可能になっています。ホワイトボックス型の人工知能による発注予測の根拠（ルール）を学ぶことにより，発注担当者の技量を向上も見込めます。

　一方で，予測精度の向上については，今後も改善が必要とされています。とくに，新規商品の発注量の予測をどうするのかという問題や，これまでにない災害や事故などによる影響の予測はまだまだ難しく課題があるとされています。

　このようなシステムを拡張することにより，店ごとの発注予測モデルから得られる需要予測を，取引先全体で共有することで全体での需給バランスを実現できることになります。さらに，今後，環境負荷の低減など社会課題の解決へつながるのではないかと期待されています。

2 | 3　その他の応用事例

　ここまで，データサイエンスが私たちの生活の中で，どのように生か
されているのか，いくつかの代表的な例を見てきました。

　ほかにも私たちの生活の中で，いろいろ場面で活用されています。紙
面だけで紹介できるものではありません。データサイエンスの発展は目
覚ましいものがあり，また，日々さまざまなアイディアが提案されてい
ますので，実教出版 Web サイト（https://www.jikkyo.co.jp/）*8 の本
書の紹介ページに，応用事例を順次紹介していきます。たとえば

*8　WebにLink

　その他の応用事例を見るこ
とができます。「第2章その
他の応用事例」のページの
No.3を参照してください。

　　身近な製品サービス

　　　行動認識ソリューション

　　　メガネの似合っている度合いの評価

　　　手書き記号認識

　　　ジェスチャ認識

　　社会・産業システム

　　　自分の声を取り戻す電気式人工喉頭

　　　眼病の画像診断

　　　腐食管理ソリューション

　　　コンクリートの点検作業の自動化

　　　SNS 分析ソリューション

　　　不動産価格推定エンジン

　　　タクシーの配車支援システム

　　　自動車の事故レベル認識ソリューション

などを見ることができます。

Let's TRY! グループワーク

データサイエンスを活用して解決したい課題を議論してみよう。

とくに，解決したい課題について

1. 課題解決の方法（何ができるようになると課題が解決するか？）
2. 技術の恩恵に預かる人（とくにどういう人が喜ぶのか？できるだけ具体的に）
3. 入力情報・データ（必要な情報・データ）
4. 出力情報・データ（予測する情報・データ）

を具体的に考えて議論してみよう*9。

*9 WebにLink
議論内容をまとめるシートのリンクがあります。
第2章ワークシート「データサイエンスアイデア」

*10
第2章Web（確認）テスト

Webで力だめし

実教出版 Web サイト（https://www.jikkyo.co.jp/）の本書の紹介ページから，Web テストページへのリンクがあります。学習の確認などにご活用ください*10。

あなたがここで学んだこと

この章であなたが到達したのは

□ 私たちの生活の中でのデータサイエンスの応用事例を4つの視点から説明できる

□ 応用事例を通じて，データサイエンスの重要性を理解できる

この章では，私たちの生活の中でデータサイエンスがどのように応用されているのかを，おもに

1. データサイエンスを使用して解決したい課題（困りごとは何か）
2. 誰のための技術か？誰が嬉しいのか？
3. コア技術（使われている技術）
4. 解決策

の4つの視点に，焦点を当てて学び，応用事例を通じて，データサイエンスの重要性を学びました。この章で取りあげた事例だけではなく，私たちの生活の中でどのようにデータサイエンスが利用され，その重要性を理解できるようになりましたので，事例をもっと調べてみるとよいでしょう。

1 ─部 3 ─章

機械学習の基本と
その精度評価

第2章では，データサイエンスを学んでいくに当たり，データサイエンスが私たちの生活の中で，どのように生かされているのかや応用されているのかを見てきました。

数年前までは，人間が大量のデータを分析して，そこから知識（ルール）を導き出すということが行われていました。機械学習は，データから知識（ルール）を導き出すためのより効率的な方法を提供し，また，データに基づく判断をすることがで

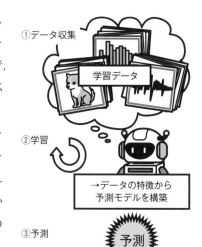

①データ収集
学習データ
②学習
→データの特徴から
予測モデルを構築
③予測
予測

きます。いまでは，機械学習は，コンピュータサイエンスの研究という話だけではなく，私たちの生活の一部となりつつあることはすでに2章で感じ取ってもらえたと思います。

この図は，第3章で学ぶ機械学習の一般的な流れを書いています。

●この章で学ぶことの概要

まず，機械学習の基本的な流れとその学習の種類について学びます。また，取得したデータをどのように学習に使用すればよいのかを学びます。さらに，学習させたモデルについて，どのような指標（基準）で評価すればよいのかを学びます。

●この章の到達目標

1. 機械学習の基本的な流れを説明できる
2. 教師あり学習，教師なし学習を説明できる
3. 学習データ（教師データ），テストデータの役割を説明できる
4. 混同行列を理解できる
5. 評価指標を計算し，モデルを評価できる

以下の用語について調べてまとめておこう。

　(ア) クラス分類

　(イ) 機械学習における学習とは

　(ウ) 教師あり学習

　(エ) 正解ラベル

　(オ) 教師なし学習

　(カ) クラスタリング

　(キ) 混同行列

　(ク) 調和平均

3　1　機械学習の基本的な流れと学習

機械学習の流れとしては，一般的に

　1. データの取得（データの収集）

　2. 学習（収集したデータの特徴から予測モデルを構築）

　3. 予測（2.で作成した予測モデルを用いてデータに適用して評価する）

のステップを踏みます。

3-1-1 機械学習の学習

まず，2.の学習の種類について見ていきましょう。

教師あり学習

　たとえば，図3-1に示すように，4種類（クラス）の動物（イヌ，カワウソ，ヒツジ，パンダ）が写っている写真（入力）があり，写真に写っている動物の名前を当てる（分類する）ということを考えてみましょう。まず，集めた写真とそこに写っている動物の名前を対応づけておきましょう。この対応づけを正解情報，または，正解ラベルと呼びましょう。集めた写真と動物の名前の正解情報を用いて，写真の特徴と動物の名前の「関係」を学びます。これを**学習**や**モデル化**といいます。この「関係」を用いて，新しい写真が入力された際に，写真に写っている特徴からどの動物の名前かを予測してその名前を出力します。これは，写真に写っている動物がどの種類（クラス）の動物かを分類する問題であり，**クラス分類**（Classification）問題といわれます。また，正解ラベル（正解情報）を用いて学習をすることから**教師あり学習**（Supervised learning）と呼ばれます。すなわち，教師あり学習は，入力と出力の関係を正解情報を用いて学習する手法ということができます[*1]。

*1
＋α プラスアルファ

教師あり学習の別の見方

　ある関係（関数）fにxを入力した際に，出力yがどのようになるかを求める問題：$y=f(x)$を，順問題といいます。一方，入力x，および，出力yがわかっているときに，関数fを求める問題を，逆問題といいます。教師あり学習は，逆問題に対応すると考えることができます。

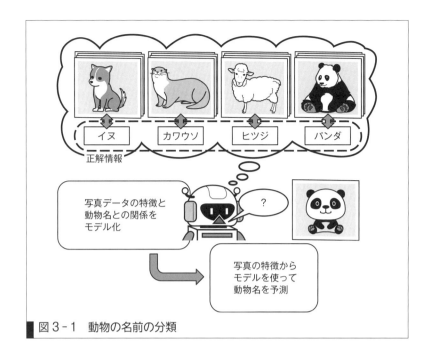

■ 図3-1 動物の名前の分類

教師なし学習

　図3-2の真ん中にあるようなデータが得られとき，似た者同士のか
たまり（クラスタ）を作成して区別するという考え方があります。

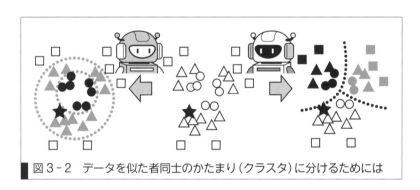

■ 図3-2 データを似た者同士のかたまり（クラスタ）に分けるためには

　図3-2の真ん中のような状況のとき，かたまりの「関係」の作り方に
はいくつか方法があることに気づくかと思います。図3-2右のように境
界を考えてかたまりを作る「関係」を見出す方法や図3-2左のように，
丸，三角，四角という特徴を考えてかたまりを作る「関係」もあるでし
ょう。このようにかたまりを作ることを**クラスタリング**（Clustering）と
呼び，かたまりを作る関係をデータより学習する，または，モデル化す
ることになります。この学習をしたのち，図中の黒い星で示すようなデ
ータが得られたときに，どのかたまりに区別されるかという予測をする
ことになります。

　いま，動物の名前の分類の例のように，学習をする際に正解情報は与
えられていません。そのため，**教師なし学習**と呼ばれ，データの構造を

*2
➕α プラスアルファ
強化学習

　教師あり学習，教師なし学習のほかに，得点・スコアなどがより高くなるやり方を学習する**強化学習**という学習方式もあります。たとえば，将棋で大量の棋譜から勝つための打ち手などに利用されています。

*3
➕α プラスアルファ
データの取得について

　データはできるかぎり多く取得することが重要です。一方で，データを多く取得するのは困難な場合が多々あります。その場合には，データの量は少なくても，考えている問題の多くを網羅するようにデータを取得することが重要になってきます。

　たとえば，犬の種類を分類する問題を考えたいときに，自分のペットである犬の写真を大量に取得するよりも，枚数は少なくとも多くの種類の犬の写真をまんべんなく集めることが重要になってきます。

*4
　学習データ7割，テストデータ3割という割合については，考える問題によって異なってきます。

学習する手法といえます*2。

　教師あり学習，教師なし学習ともに「関係」を見出す学習の際に用いるデータを**学習データ**や**教師データ**（Training data）と呼びます。一方で，学習した「関係」（モデル）が，正しく機能するかどうかを検証（テスト）するために用いるデータを**テストデータ**（Test data）と呼びます*3。

3-1-2 ホールドアウトと交差検証

　テストデータは，新たに取得することが望ましいですが，取得できるデータの数が少ない（限られている）場合はどうすればよいでしょうか？取得したデータを図3-3に示すように，たとえば，学習データ（7割）とテストデータ（3割）で分割する方法が思いつきます*4。この分割した学習データを用いて，モデルを構築し，テストデータを使って評価します。この方法を**ホールドアウト**（Holdout）といいます。とても簡単で重要な考え方ですが，分割した片方のデータにかたよりがあった場合に，モデル（関係性）に問題が生じるなどが考えられるため留意が必要です。

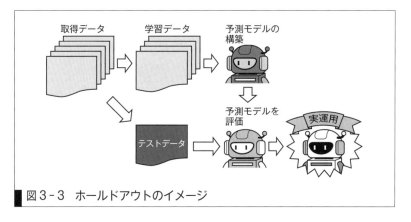

■図3-3　ホールドアウトのイメージ

　もう少し発展した方法を考えてみましょう。図3-4に示すように，取得したデータを n 個に分割します。このうち $n-1$ 個を学習データ，残りの1つを検証用のデータ（バリデーションデータ）に割り当てるという作業をします。この分割した学習データを用いて，モデルを構築し，バリデーションデータを使って評価します（評価については3-2節で詳しく見ていきます）。さらに，この作業を n 回繰り返しモデルを評価していきます。この方法を**交差検証**，または，**クロスバリデーション**（Cross validation）といいます。

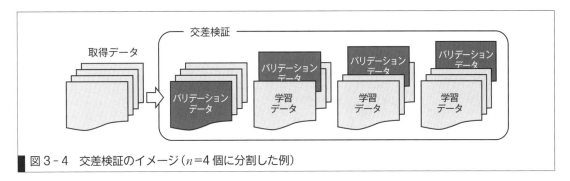

■図3-4　交差検証のイメージ（*n*=4個に分割した例）

　さらに，発展させた方法を考えてみましょう。図3-5に示すように，まず，取得したデータを学習データとテストデータに分割します。さらに分割した学習データに対して交差検証を用いてモデルを評価し，よりよいモデルを選択します。その後，モデルを構築した際に用いてない（最初に分割しておいた）テストデータを使用してモデルを評価すれば，より汎用性が高いモデルができるといった仕組みです。

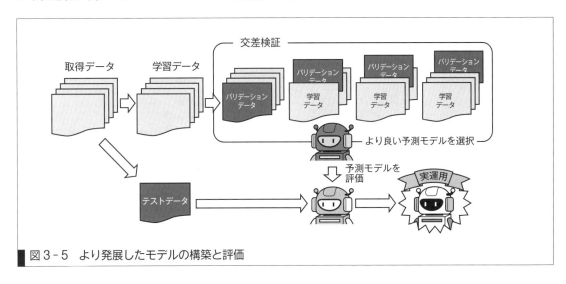

■図3-5　より発展したモデルの構築と評価

予測モデルを構築する話の中で，モデルを評価するという話をしてきましたが，構築した予測モデルをどのような指標（基準）で評価すればよいのでしょうか？

3-2-1 クラス分類モデルの評価指標

いま，図3-6に示すように，ウイルスに感染しているかどうかの検査を受けたとしましょう。すなわち，ウイルスに感染しているかどうかを分類するモデルの評価指標について考えてみましょう。

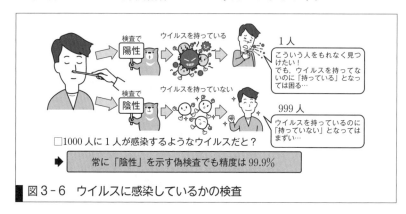

図3-6　ウイルスに感染しているかの検査

「検査で陽性なのでウイルスを持っている」と分類する場合と「検査で陰性なのでウイルスを持っていない」と分類する場合を考えることができます。では，1000人に1人が感染するようなウイルスだとしましょう。この場合，「常に陰性を示す偽の検査」を行った場合での精度は，どのようになるでしょうか？

この「偽の検査」の精度は99.9%を示すことになりますが，この評価で本当によいのでしょうか？

図3-7に示すように，検査（分類）結果を評価する際には，他にもさまざまなケースがあります。

検査の結果が陽性で，かつ，実際にウイルスを持っている場合を，真陽性TP（True Positive），検査の結果が陽性ですが，実際にはウイルスを持っていなかった場合を，偽陽性FP（False Positive）と呼びます。また，検査の結果が陰性で，かつ，実際にウイルスを持っていなかった場合を，真陰性TN（True Negative），検査の結果が陰性ですが，実際にはウイルスを持っていた場合を，偽陰性FN（False Negative）と呼びます。これら正誤の数をまとめて書くと図3-8のようになります。これを混同行列（Confusion matrix）と呼びます。

図3-8に示した正誤の数を用いて，検査（分類）の性能評価をする指標（基準）をまとめましょう。

まず，正答率（Accuracy）[5] です。正答率は，全検査のうち正解の割合を示しており

$$\text{Accuracy} = \frac{\text{TP}+\text{TN}}{\text{TP}+\text{FN}+\text{FP}+\text{TN}} = \frac{[\text{真陽性}]+[\text{真陰性}]}{[\text{全検査数}]}$$

で定義されます。

適合率（Precision）[6] は，検査が陽性の人のうち実際に陽性だった割合を示し

$$\text{Precision} = \frac{\text{TP}}{\text{TP}+\text{FP}} = \frac{[\text{真陽性}]}{[\text{真陽性}]+[\text{偽陽性}]}$$

で定義されます。

[5] 正解率ともいわれます。

[6] 陽性的中率ともいわれます。

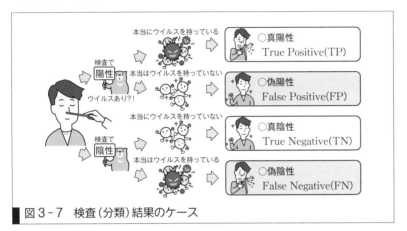

▌図3-7　検査（分類）結果のケース

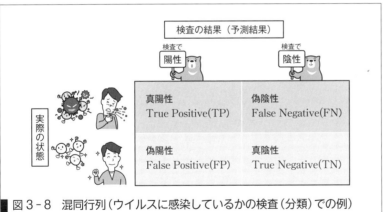

▌図3-8　混同行列（ウイルスに感染しているかの検査（分類）での例）

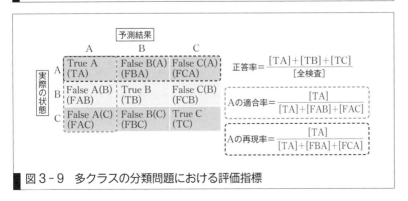

▌図3-9　多クラスの分類問題における評価指標

*7
検出率，感度，真陽性率と
もいわれます。

　再現率（Recall）*7 は，実際に陽性の人のうち検査も陽性だった割合を示し

$$\mathrm{Recall} = \frac{\mathrm{TP}}{\mathrm{TP+FN}} = \frac{[真陽性]}{[真陽性]+[偽陰性]}$$

で定義されます。

　適合率と再現率はおたがいどちらかを高めようとすれば，どちらかが悪くなるというトレードオフの関係にあります。そのため，適合率と再現率の調和平均である F 値（F-measure）

$$\mathrm{F} = \frac{2 \cdot \mathrm{Precision} \cdot \mathrm{Recall}}{\mathrm{Precision} + \mathrm{Recall}}$$

を総合的な評価指標として使用する場合が多くあります。なお，正の実数について，調和平均は逆数の算術平均の逆数として定義されます。具体的には，正の実数 x_1, x_2, $\cdots$, x_n について，調和平均は

$$\frac{n}{\dfrac{1}{x_1} + \dfrac{1}{x_2} + \cdots + \dfrac{1}{x_n}} = \frac{n}{\displaystyle\sum_{i=1}^{n} \dfrac{1}{x_i}}$$

で定義されます。

　陽性か陰性かの 2 クラスの分類問題を考えてきましたが，図 3-9 に示すように，クラスはいくつあっても（多クラスの分類問題でも）考え方は一緒です。

Let's TRY!!

　ウイルス検査（陽性か陰性かの 2 クラスの分類問題）において，図 3-10 のような混同行列が得られた際に，正答率，適合率，再現率，F 値を求めてみよう。

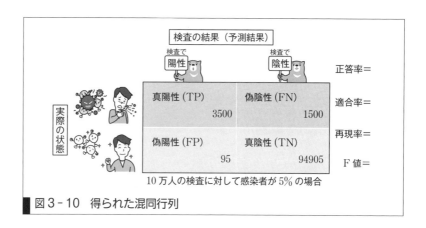

図 3-10　得られた混同行列

3 | 3 ブラックボックス型の人工知能とホワイトボックス型の人工知能

　人工知能による予測・推定結果の理由を説明することが難しいものを<u>ブラックボックス型の人工知能</u>といいます。ブラックボックス型の人工知能は

　✓ 人工知能に任せたい判断が明確

　✓ 精度や判断スピードが重要

などのときに利用されます。たとえば，製品検査業務，真贋判定，劣化診断などに多く利用されています。

　一方で，人工知能による予測・推定結果の理由を比較的わかりやすく説明できるのを<u>ホワイトボックス型の人工知能</u>といいます。ホワイトボックス型の人工知能は

　✓ ゴールが1つに定まらない問題

　✓ 分析の理由説明が必要な問題

などのときに利用されます。

　ディープラーニングは典型的なブラックボックス型の人工知能ですが，近年，説明性を高める研究が進められ実用化されています。

　人工知能による予測・推定に説明が必要かどうかで使い分けることが重要とされています。

Webで力だめし

　実教出版 Web サイト (https://www.jikkyo.co.jp/) の本書の紹介ページから，Web テストページへのリンクがあります。学習の確認などにご活用ください[8]。

*8
第3章 Web（確認）テスト

この章であなたが到達したのは

□ 機械学習の基本的な流れを説明できる

□ 教師あり学習，教師なし学習を説明できる

□ 学習データ，テストデータの役割を説明できる

□ 混合行列を理解できる

□ 評価指標を計算し，モデルを評価できる

　この章では，機械学習の基本的な流れとその学習方法の種類について学びました。また，取得したデータをどのように学習に使用すればよいのかを学びました。さらに，学習させたモデルについて，どのような指標（基準）で評価すればよいのかを学びました。

　これらは，機械学習の基礎的な概念になります。実際，第6章の「ディープラーニング」や第13章「分類と回帰」などいろいろな場面で必要になる概念ですので，しっかり理解しておきましょう。

データ分析技術の体験

2 —部 4 —章

データの可視化

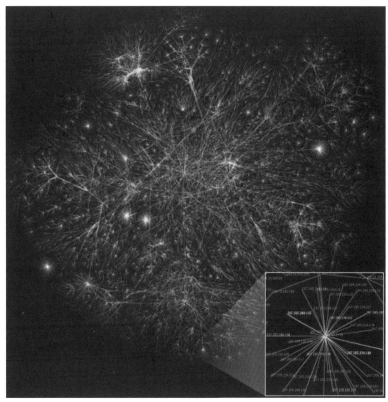

インターネットのネットワーク (public domain)
https://commons.wikimedia.org/wiki/File:Internet_map_1024.jpg

●この章で学ぶことの概要

　可視化（表・グラフなど）によってデータからさまざまな情報を抽出し，人の直感的な理解を助けることができます。この章ではさまざまなグラフ，可視化手法の特徴を知り，実際にそれらの手法を利用できるように演習を実施します。

●この章の到達目標

1. いくつかの代表的なグラフ・可視化手法を学習し，データに対して適切な可視化方法を選択できるようになる。
2. 誤解をまねくグラフ・可視化手法に気づき，その問題を指摘できる。

以下のグラフについてその特徴や使われる場面について調べておこう。

　（ア）棒グラフ

　（イ）折れ線グラフ

　（ウ）ヒストグラム

　（エ）箱ひげ図

　（オ）円グラフ

　（カ）散布図

4　1　データの可視化

4-1-1　なぜデータを可視化するのか？

　　データにはさまざまな情報が含まれています。図4-1は東京都新型コロナウイルス感染症検査陽性者についてのデータ（2021年6月4日から7月8日）です。みなさんはこのデータからどのような情報を読み取ることができますか？　気づいたことを書き出してみましょう。

公表_年月日	陽性者数（累）	入院中	軽症・中等症	重症	宿泊療養	自宅療養	調整中	死亡	退院
2021/6/4	162893	1860	1798	62	910	1193	570	2095	156265
2021/6/5	163329	1820	1758	62	903	1162	555	2103	156786
2021/6/6	163680	1782	1722	60	901	1065	538	2108	157286
2021/6/7	163915	1734	1673	61	857	999	347	2111	157867
2021/6/8	164284	1699	1639	60	805	805	462	2121	158392
2021/6/9	164724	1626	1569	57	767	835	511	2128	158857
2021/6/10	165163	1563	1508	55	751	855	524	2134	159336
2021/6/11	165598	1522	1471	51	748	839	519	2142	159828
2021/6/12	166065	1484	1438	46	771	836	580	2150	160244
2021/6/13	166369	1483	1436	47	812	823	500	2156	160595
2021/6/14	166578	1436	1390	46	826	791	295	2159	161071
2021/6/15	166915	1377	1332	45	804	691	415	2171	161457
2021/6/16	167416	1346	1301	45	778	681	597	2183	161831
2021/6/17	167868	1333	1293	40	799	785	546	2190	162215
2021/6/18	168321	1303	1261	42	814	788	553	2192	162671
2021/6/19	168709	1286	1243	43	848	792	530	2196	163057
2021/6/20	169085	1270	1225	45	866	740	553	2197	163459
2021/6/21	169321	1282	1235	47	853	793	341	2198	163854
2021/6/22	169756	1285	1240	45	831	695	511	2203	164231
2021/6/23	170375	1301	1257	44	881	712	696	2213	164572
2021/6/24	170945	1360	1317	43	921	822	675	2216	164951
2021/6/25	171507	1385	1347	38	995	917	673	2218	165319
2021/6/26	172041	1427	1390	37	1065	967	695	2222	165665
2021/6/27	172427	1449	1412	37	1133	988	565	2223	166069
2021/6/28	172744	1491	1450	41	1146	1031	400	2227	166449
2021/6/29	173220	1510	1467	43	1139	929	570	2231	166841
2021/6/30	173934	1553	1506	47	1134	954	793	2234	167266
2021/7/1	174607	1557	1506	51	1176	1006	866	2236	167766
2021/7/2	175267	1620	1566	54	1238	1080	803	2238	168288
2021/7/3	175983	1625	1575	50	1312	1095	949	2238	168764
2021/7/4	176501	1640	1589	51	1424	1149	852	2239	169197
2021/7/5	176843	1674	1617	57	1440	1206	558	2240	169725
2021/7/6	177436	1677	1614	63	1412	1100	746	2241	170260
2021/7/7	178356	1673	1611	62	1455	1183	1049	2244	170752
2021/7/8	179252	1782	1722	60	1488	1406	1009	2246	171321

図4-1　東京都 新型コロナウイルス感染症検査陽性者に関するデータ（一部抜粋）

(https://catalog.data.metro.tokyo.lg.jp/dataset/t000010d0000000089/resource/54996023-7255-45c5-b5b0-60458d874715)

いろいろなことが考えられますが，たとえば「入院中」の数値が初め
は減る傾向だったのに，6月20日ごろから増えてきたことや，6月当初
は「宿泊療養」よりも「自宅療養」のほうが多く，6月中旬くらいから
ともに増えてきていることなどがわかります。もしかすると「入院中」
が「軽症・中等症」と「重症」の和になっていることに気づいた人がい
るかもしれません。ただ，これらの簡単な情報を読み取るだけでも随分
と時間がかかったのではないでしょうか？　また，この数値データから
得られる情報はまだまだたくさんありそうです。

　そこで，「東京都 新型コロナウイルス感染症検査陽性者に関するデー
タ」を使った表やグラフ（図4-2）を見てみましょう。

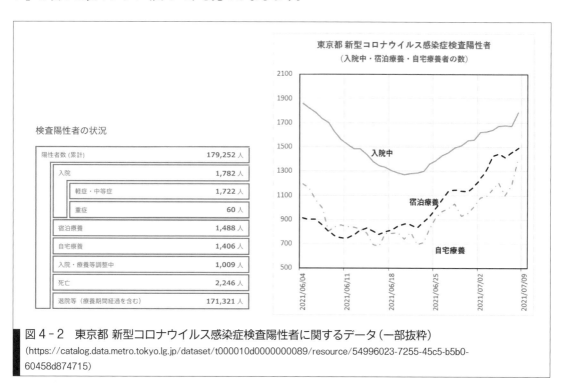

図4-2　東京都 新型コロナウイルス感染症検査陽性者に関するデータ（一部抜粋）
(https://catalog.data.metro.tokyo.lg.jp/dataset/t000010d0000000089/resource/54996023-7255-45c5-b5b0-
60458d874715)

　左の表は2021年7月8日までに検査で陽性になった人について「入
院」や「宿泊療養」などの状態にある人が何人いるかを表しています。
この表から「重症者数」や「死亡者数」などの気になる数値がすぐにわ
かると同時に「入院」した人が症状によって「軽症・中等症」と「重
症」に分けられることや「陽性者数」が「入院」「宿泊療養」「自宅療
養」「入院・療養等調整中」「死亡」「退院等」に分類されることもわか
ります。さらに「宿泊療養」や「自宅療養」の内訳として「重症」の人
はいないのか気になるかもしれません。

　また，右のグラフは「陽性者数」のうち「入院中」「宿泊療養」「自宅
療養」の時間変化（時系列変化）を表しています。グラフから「入院中」
の数は減少から増加に転じていることはあきらかですが，「宿泊療養」

と「自宅療養」が1週間周期で凸凹しているのに対して「入院中」の数はあまり影響を受けていないことがわかります。これはデータの数字の羅列からだけではわからなかったでしょう。

このように可視化により（1）データの直感的な理解を助け，（2）データの関係性や違い・変化などの情報が理解しやすくなるために新たな発見やさらなる分析の指針を検討することができるようになります。

4-1-2 データ・情報・知識・知恵

「データ（Data）」はそれ自体では意味を持たない数字，記号などの羅列にすぎません。「データ」を整理したりグラフを描画したりして可視化することによって「データ」から「情報（Information）」を得ることができます。この「データ」から可視化などの技術によって「情報」を抽出するプロセスがデータサイエンスの第一歩といえます。さらに「情報」をまとめて体系化・構造化し，ものごとの規則性や傾向，知見を導き出すことで「知識（Knowledge）」が得られ，それらを正しく認識して判断し，価値観やモラルにまで昇華させたものを「知恵（Wisdom）」と呼びます。このような Data-Information-Knowledge-Wisdom の関係をわかりやすくまとめた図4-3を各単語の頭文字を取って <u>DIKW ピラミッド</u>と呼んでいます。

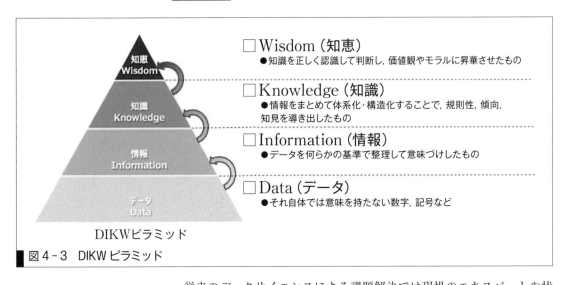

図4-3 DIKW ピラミッド

従来のデータサイエンスによる課題解決では現場のエキスパートや状況をよく知るデータサイエンティストらの「知識」や「知恵」によってその指針が決められ，それぞれの課題を解決するための特化型の人工知能（<u>弱い AI</u>）の開発が中心でした。一方で，近年の技術の進展にともない，人間のようにさまざまな問題を理解したり，「知識」や「知恵」など高度な情報を提供するような汎用的な人工知能（<u>強い AI</u>）[1] の研究も進められています。

*1
➕α プラスアルファ
AGI（Artificial General Interigence）と呼ばれることもあります。

4-2-1 ジョン・スノウ（1813-1858）のコレラ地図

1854年ロンドンのソーホー地区，ブロードス
トリートでコレラらが大流行しました。流行が
始まって3日間で127名が死亡し，翌週までに
住民の3/4がその地区から避難したといわれて
います。当時，コレラの原因は「瘴気」と呼ば
れる空気中の粒子と信じられていたものの，コ
レラがなぜ，どのように伝染するのかはわかっ

(public domain)

ていませんでした。現在では，コレラはコレラ菌により汚染された水や
食物によって経口感染することがわかっていますが，このコレラ菌がロ
ベルト・コッホによって発見されるのはこの流行から30年も経った
1884年のことでした。

医師のジョン・スノウは，コレラが「瘴気」ではなく，汚染された水
によって拡散されているのではないかと疑っていました。そこで，司祭
のヘンリー・ホワイトヘッドの力を借りて，地元住民らに詳細な聞き込
み調査を行いました。そして最終的にコレラの発生源がブロードストリ
ートの1つの水ポンプであることを突き止めました。このときの情報
をもとに作成されたのが図4-4の点分布地図です。通り沿いに重ねら
れている黒太線の数がコレラの発生数を表しており，図からあきらかに
1つのポンプのまわりでコレラの発生が多く，近くに他のポンプがある

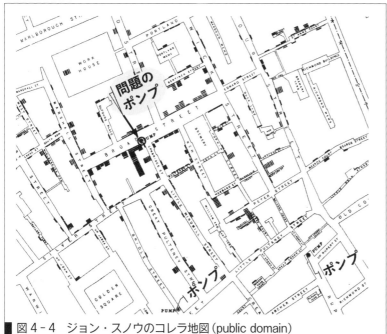

図4-4　ジョン・スノウのコレラ地図（public domain）

地域では少ないことがわかります。コレラに関するスノウの分析は他の地区でも応用され，問題のある水源を特定し閉鎖することで感染率を大幅に低下することに成功しました。

4-2-2 フローレンス・ナイチンゲール（1820-1910）のバラのダイアグラム

(public domain)

　クリミア戦争中，ナイチンゲールは看護師として従軍しましたが，兵士たちは戦争での負傷によってではなく，劣悪な衛生状態と栄養失調で死亡していました。ナイチンゲールは帰国後にこの野戦病院の状況分析を始め，数々の統計資料に基づく報告書を作成しました。報告書では衛生状態の欠如によって負傷兵の死亡率が非常に高くなっていることを主張し，その改善方法の詳細を提示しました。この統計資料の1つとして，各月ごとの死者数を放射線状に伸びた数値軸で現した同心円状のグラフを取り入れました（図4-5）。この図はバラのダイアグラムもしくは鶏のトサカダイアグラムと呼ばれています。この図では時計の12時の位置から時計まわりに7月，8月…と1周すると1年の死亡者の変化を追えるようになっています。さらに，各月での死亡者数を「負傷後の劣悪な衛生状態と栄養失調による死亡者数」「負傷による死亡者数」「その他の死亡者数」の3つの層に分け，それぞれを中心からの扇型の面積で表しています。ナイチンゲールは，このようなわかりやすい（カラー）の図を多く含む報告書を作成することによって，議決権を持つ女王や国会議員に課題を理解させ，病院の衛生環境の向上に貢献しました。

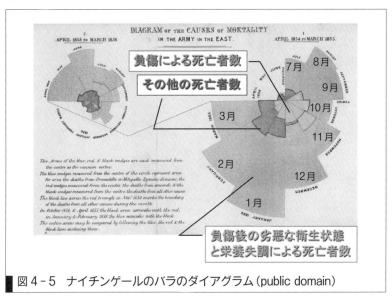

図4-5　ナイチンゲールのバラのダイアグラム（public domain）

4 3 可視化の役割と方法

4-3-1 データの可視化が必要なとき

データの可視化が必要になるのは以下の2つの場合があります。

1) 自らが収集・生成したデータを理解するとき（探索的データ解析）
2) 人に見せて理解・納得させるとき（プレゼンテーション）

「自らが収集／生成したデータを理解するとき（探索的データ解析）」では，データそのものを理解するために可視化が必要になります。データが持つさまざまな特徴を見つけて，どのような性質を持っているのか，データの変化や類似性，独自性などを整理します。さらに予想される特徴や関係性を確認したり，視覚的にデータのいろいろな側面を表示することで「データに語らせる」ことが目的になります。「ジョン・スノウのコレラ地図」では，得体の知れない病気であるコレラに対して，可視化による探索的データ解析によって原因を突き止めることに成功したといってよいでしょう。

一方，「人に見せて理解・納得させるとき（プレゼンテーション）」に向けた可視化では，探索的データ解析などによってデータから得られた情報や知見，それにともなう自らの主張を第三者に理解・納得してもらうことが目的です。データを可視化することにより，相手が分野の専門家でなくても直観的かつ効率的に情報や主張を伝えることができます。逆にデータを可視化しなければ，情報や主張を理解してもらうために長い時間を要したり，理解が難しく納得してもらえないこともあるでしょう。「ナイチンゲールのバラのダイアグラム」では「負傷後の劣悪な衛生状態と栄養失調」が兵士の死亡する主要な原因であることを女王や国会議員に直観的に理解させ，病院の衛生環境を向上すべきという主張を伝えたのです。

4-3-2 データ可視化の手順

先に述べたとおり，種々のデータから情報を抽出するという作業がデータサイエンスの第一歩です。そのデータが得られた分野に特有の知識や事前知識から予想されるデータ間の関係[*2]などを用いて仮説を立て，データを用いて実証していく仮説検証型データ分析や，それらの事前知識を考慮せずにデータの統計処理や相関，可視化から情報を抽出する探索型データ解析などを行います。これらの技術については第5部「独自課題でのダッシュボード作成」で実際のデータを用いて学びます。ここではそれらのデータ解析で得られた情報を第三者に理解・納得してもらうためのデータ可視化手順の基礎について述べます。

データ可視化はおおよそ以下のような手順で進めます。

[*2]
＋α プラスアルファ

データが得られた分野に特有の知識や事前に予想されるデータ間の関係に関する知見などをドメインナレッジと呼びます。

①課題・疑問を確認し，明確にする

　そもそも何のためにデータを収集・取得し分析したのか？　つまり，今回の分析によって解決したい課題，明らかにしたい疑問が何かをデータの提供者などに確認し，明確にします。課題や疑問は分析を始める前に明確になっているはずなのですが，多くの人がかかわるプロジェクトやデータ取得などで時間がかかる場合には曖昧になったり，変わってしまうこともあります。可視化のプロセスでもこの課題・疑問を基準に考えていきます。課題・疑問の内容によって可視化の方法も変わります。

②可視化する情報・データ解析結果を選び抜く

　データ分析によって得られた情報から，課題の解決に向けて伝えたい主張に適した情報・データ解析結果を選びます。似たような情報・解析結果があるときは，課題を解決するために最も理解しやすい，顕著な情報のみを選択するのがよいでしょう。ただ，同じ結果を示していても異なる観点による結果であればそれらを複数見せて，結果の信頼性や説得性を上げるほうがよいこともあります。この選択は結果を理解させたい相手がその分野についてまったく知らない素人なのか，疑い深い専門家なのかなど相手によっても変わります。

③解析結果に最適な可視化手法と視覚変数を選ぶ。

　課題・疑問を解決するために最適な可視化手法を解析結果ごとに選びます。たとえば，量の大小を比較したいのか，項目ごとの比率が知りたいのか，時間経過による変化が知りたいのか，結果を理解させたい相手に向けて最適な可視化手法を選びます。

　また，可視化するときにはデータの要素／種類ごとに色やポイントの形などを決めます。この色やポイントの形など，変更できる要素を視覚変数と呼びますが，可視化手法によって選ぶことができる視覚変数が違います。可視化手法を選ぶのと同時に目的にあった視覚変数を選択しましょう。視覚変数のバリエーションや表現の特性については次の項で説明します。

❹-❸-❸ 視覚変数

　視覚変数の違いをデータのポイントや線，エリアに適用することで，異なる種別のデータを区別したり，視覚変数を共通にすることで共通性のあるデータに注目しやすくすることもできます。たとえば，図4-6は異なるポイントの形と色で3種類のデータを可視化しています。ここで白丸と黒丸は色で区別されますが，丸という共通要素を持っています。白丸と白三角は形で区別することができますが，白色という共通要

素を持っています。

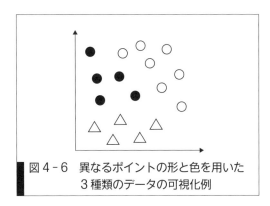

■ 図4-6　異なるポイントの形と色を用いた
　　　　　3種類のデータの可視化例

　このような視覚変数のバリエーションとして網膜変数があります。網
膜変数は「形」「大きさ」「色の濃さ（明度）」「テクスチャ」などがあり，
目で識別できる主要な要素で，それぞれが適した表現内容があります
（図4-7参照）。主張したい内容やデータの特性に合わせて適切な視覚
変数を用いることで，データ可視化による効果が高まります。逆に間違
った視覚変数を用いると，可視化しても情報が伝わらなかったり，誤っ
た理解をされてしまう可能性もあるので注意が必要です。

網膜変数	ポイント	ライン	エリア	適した性質
形	 ●■▲◆✕	－	－	質の違い
大きさ			－	量の違い
色の濃さ			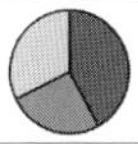	量の違い
テクスチャ（柄）	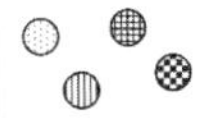			質の違い

■ 図4-7　網膜変数の例

可視化にはさまざまな表現形式がありますが，ここでは代表的な可視化手法としていくつかのグラフの特徴と注意点についてまとめます。

4-4-1 棒グラフ

棒グラフは棒の長さで大小を表しており，異なる項目の値の大小を比較するのに向いた可視化手法です。図4-8に示したように棒の向きが縦の場合と横の場合があります。図4-8ではA，B，C，Dごとのまとまりを優先して7月，8月，9月は月ごとに色の濃さを変えて表示しています。月ごとのまとまりがより重要な場合には横軸のまとまりを月ごとにしてもよいでしょう。一方，7月，8月，9月の総量が重要な場合には積み上げグラフとして1つの棒にまとめる場合もあります。

横軸の項目の並び順について決まりはありません。値が大きい順に並べてもよいですし，項目名を50音順で並べることもあります。項目が日時など，その順序に意味があるときはその順序で並べたほうが読み取りやすいグラフになることが多いです。

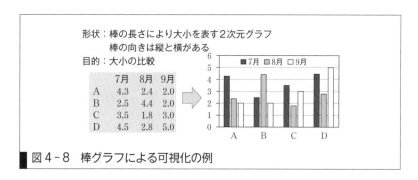

形状：棒の長さにより大小を表す2次元グラフ
　　　棒の向きは縦と横がある
目的：大小の比較

	7月	8月	9月
A	4.3	2.4	2.0
B	2.5	4.4	2.0
C	3.5	1.8	3.0
D	4.5	2.8	5.0

■ 図4-8　棒グラフによる可視化の例

注意事項

棒グラフは値の大きさの大小を棒の長さで表すグラフなので，縦軸は必ず0から始めます。そして，他に比べて極端に大きな値の項目がある場合でも波線などで途中を省略したりせずに全体を表示するのが基本です。また，棒や枠を立体的に表示すると棒の長さを単純に比較できなくなり誤解をまねくのでやめましょう。

4-4-2 円グラフ

円グラフは円全体を100%として，各項目の割合を扇形の面積で表しており，その比率や大小を視覚化するのに向いた可視化手法です（図4-9参照）。

可視化する項目が順序関係のない名前や記号の場合は，時計の針の12時の位置から右まわりに比率の大きな項目順に並べるのが一般的で

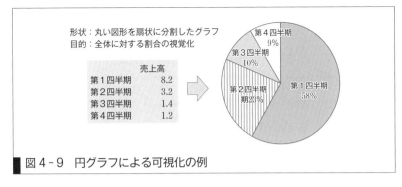

図4-9　円グラフによる可視化の例

す。各項目の名前や割合などはグラフの対応する領域近くに記載したほうが判例として別にまとめるよりも視線の移動が少なくなり，わかりやすくなります。また，項目数が多すぎると比較が難しくなりますので5〜6項目になるようにまとめるか，比率が小さな項目を「その他」としてまとめると見やすくなります。多くの項目すべてを表示したい場合には棒グラフによる可視化も選択肢の1つです。

注意事項

　円グラフはすべての項目の比率を足すと100%になります。アンケートなどで複数回答を許す場合や項目が全体を網羅していない場合には誤解をまねく恐れがあるので他の可視化手法も検討しましょう。また，円を円柱として立体的に描いたり，さらに注目する項目をショートケーキのように切り出したグラフを見かけますが，面積による比較が難しくなり誤解も生じやすくなりますので避けましょう。

4-4-3 ヒストグラム

　ヒストグラムは量を表すデータがどのように分布しているのかを見るための可視化手法です。まず，データをいくつかの階級に分け，各階級に属するデータの個数（度数）を数えることで度数分布表（図4-10中央）を作成します。そして，横軸を階級，縦軸に度数を取り，長方形の面積で度数を表します。

　階級の境界はデータが2つの階級に属したりしないように以上・未

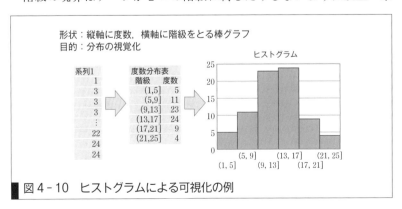

図4-10　ヒストグラムによる可視化の例

満などの言葉を使って明確にします。(5, 9] は 5 より大きく，9 以下の階級です。階級をいくつに分けるべきかは，データや主張したい内容によって変わりますが，5 ～ 10 程度の範囲で変化させて，分布がわかりやすい階級数に設定することが多いです。また，年齢を 10 歳ごとに区切り 10 代，20 代，…とするなど階級の範囲がわかりやすい区切りになっていると解析や説明がしやすい場合もあります。

注意事項

棒グラフでは各項目が独立しているのに対して，ヒストグラムでは各階級の間はデータが連続しているので，描画する際も間をあけません。長方形の面積で度数を比較するため，棒グラフと同様に度数の軸は 0 から始まり，軸やグラフの途中を省略しないのが基本です。また，ヒストグラムは各階級ごとの度数を長方形の面積で表しているので，部分的に 2 つの階級をまとめる場合にはそこに含まれる度数と面積が他の階級の面積と比較できるように 1/2 倍します。

4-4-4 箱ひげ図

箱ひげ図はデータのばらつき具合を見るための，分位数またはパーセンタイル (Percentile) を使った可視化手法です。パーセンタイルというのは，データを小さい順に並べたとき，初めから数えて全体の a ％番目に位置する値を a パーセンタイルといいます。たとえば，25 人の試験結果のデータなら，

50 パーセンタイルは最低点から 13 番目の人の点数 (中央値)

0 パーセンタイルは最低点から 1 番目の人の点数 (最低点)

100 パーセンタイルは最低点から 25 番目の人の点数 (最高点)

となります。箱ひげ図では，さらに 25％ ごとに 4 つに分けた「四分位数」を使います。

第一四分位数：25 パーセンタイル

第二四分位数：50 パーセンタイル

第三四分位数：75 パーセンタイル

箱ひげ図の箱の部分は第一四分位数から第三四分位数を表し，中央値 (第二四分位数) のところに線を引いて分けています。そして箱の上下から最大値・最小値まで線を伸ばしています (図 4-11)。

図 4-11 に示す箱ひげ図では A，B，C，D の各区間には同数のデータが含まれています。したがって，図では B の区間および A の区間には C，D の区間よりも狭い範囲に同数のデータがあり，分布の密度が高くかたよっていることがわかります。また，区間 B と C の箱の領域には全体のデータの半分が存在していることになります。

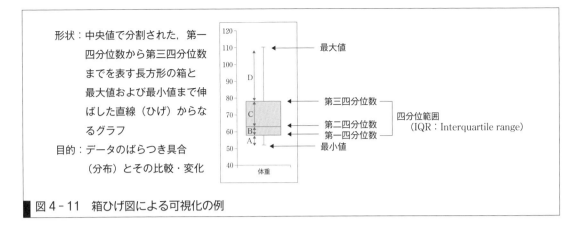

形状：中央値で分割された，第一四分位数から第三四分位数までを表す長方形の箱と最大値および最小値まで伸ばした直線（ひげ）からなるグラフ

目的：データのばらつき具合（分布）とその比較・変化

（グラフ内ラベル）最大値／第三四分位数／第二四分位数／第一四分位数／最小値／四分位範囲（IQR：Interquartile range）／体重

■ 図4-11　箱ひげ図による可視化の例

箱ひげ図で可視化される情報はヒストグラムに比べると少ないですが，シンプルなため，複数のデータを記載し比較することができるメリットがあります。

注意事項

箱ひげ図でははずれ値[*3]を除くために最大値・最小値の代わりに10パーセンタイル・90パーセンタイルを用いることもあり，その場合は別途，はずれ値や最大値・最小値をひげの先に記載することがあります。グラフを読み取る際には，ひげの先端が示す値や追記されたポイントが何を表しているかについて注意する必要があります。

4-4-5 グラフ・ネットワーク

図4-12に示したように頂点と辺からなり，ネットワーク構造を見るための可視化手法をグラフ・ネットワークもしくは単にグラフといいます（棒グラフなどのグラフと同じ言葉ですが，まったく違う概念です）。各頂点をノードと呼び，ノードとノードを結ぶ線分をエッジと呼びます。たとえば「SNSでのユーザーの関係」のグラフではノードがユーザを表し，相互に交わされた「いいね」の回数が一定数以上の場合にエッジで接続されるようにします。すると，AさんとBさんは非常にやりとりが多いことがエッジの太さで表されています。また，Aさん，Bさん，

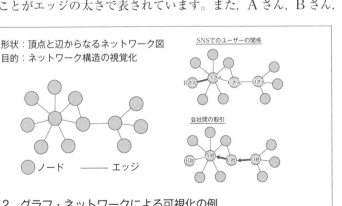

形状：頂点と辺からなるネットワーク図
目的：ネットワーク構造の視覚化

SNSでのユーザーの関係

会社間の取引

ノード　　——　エッジ

■ 図4-12　グラフ・ネットワークによる可視化の例

Cさんを含む集団（クラスタ）とDさんを含む集団が異なり，2つの集団をCさんとDさんが結びつけていることがわかります。たとえばこのグラフから，2つの集団の全員に連絡する場合，Cさんに知らせれば最短2ステップで全員に伝えられることがわかります（Aさんからだと最短3ステップ）。

「会社間の取引」のグラフでは各ノードは会社を表し，会社間の収益の流れを矢印のついたエッジで表すことができます。このようなエッジに矢印のついたグラフを有向グラフと呼び，「SNSでのユーザーの関係」のようにエッジに矢印のないグラフを無向グラフと呼びます。有向グラフでは，たとえば，原因となるようなノードをたどったり，情報の流れを表したりできます。エッジ両端が同じノードに連結していたり（ループ），2つのノードを2つ以上のエッジで連結（多重グラフ）したりすることもあります。このようなグラフの持つさまざまな性質を研究することをグラフ理論と呼び，機械学習などを用いて分析する技術がいろいろ研究されています。

4-4-6 折れ線グラフ

折れ線グラフは横軸に日時や年月，位置など，縦軸に量的なデータを取り，隣り合うデータ間を順に線で結んだ可視化手法で，とくに量的なデータの時間にともなう変化を視覚化するのに向いています（図4-13参照）。折れ線が右肩上がりであれば増加傾向であり，右肩下がりであれば減少傾向になります。また，折れ線の傾きから変化の大きさ（速さ，急さ）がわかります。

折れ線グラフはデータの増加・減少のような変化を表すグラフのため，縦軸は0から始める必要はありません。主張したい変化がわかりやすく見えるように，縦軸の途中を波線で省略したり，0ではない値から始めても問題ありません。

注意事項

折れ線グラフは複数の項目を同じ横軸で同時に描き，変化の違いを比較することができます。異なる項目の折れ線が交差することもあるため，

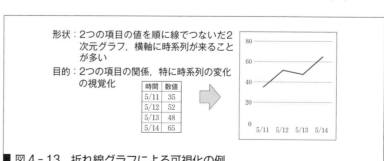

図4-13　折れ線グラフによる可視化の例

視覚変数を用いてそれぞれの項目を見分けられるようにします。たとえば，各データ点を項目ごとに円や四角形，十字などにしたり，折れ線を点線や破線にしたりします。項目によって色を変えるのもよいですが，どのような手段で見るのかがわかりません（モノクロ印刷や縮小印刷など）。複数の視覚変数の違いを用いて見分けやすい描画方法を検討します。

4-4-7 散布図

散布図は2つの異なるデータをそれぞれ横軸と縦軸の座標としてプロットすることで，2つのデータの間に関係があるかどうかを調べられます（図4-14参照）。ここで一方のデータが変化すると他方も変化するような関係を相関関係と呼びます。とくに散布図において，一方が増えると他方も増えるとき，すなわち，左下から右上方向に直線状にデータが並ぶとき，「正の相関がある」といいます。分布が直線に近いほど，ばらつきが少なければ少ないほど，「強い正の相関がある」といいます。逆に，一方が増えると他方が減るとき，すなわち散布図で左上から右下方向に直線上にデータが並ぶとき，「負の相関がある」といいます。分布が直線に近いほど，ばらつきが少なければ少ないほど，「強い負の相関がある」といいます。一方のデータが変化しても他方がそれに応じて変化しない場合には相関がない（無相関）といいます。相関係数と散布図の例，相関の強さについて図4-15に示します。

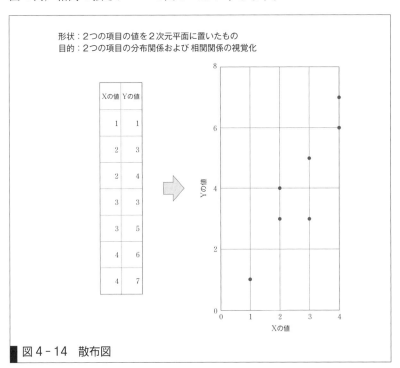

図4-14 散布図

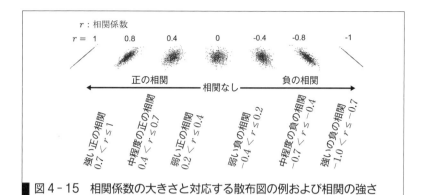

r：相関係数

r = 1   0.8   0.4   0   -0.4   -0.8   -1

←正の相関──相関なし──負の相関→

強い正の相関
$0.7 < r \leqq 1$

中程度の正の相関
$0.4 < r \leqq 0.7$

弱い正の相関
$0.2 < r \leqq 0.4$

弱い負の相関
$-0.4 < r \leqq 0.2$

中程度の負の相関
$-0.7 < r \leqq -0.4$

強い負の相関
$-1.0 < r \leqq -0.7$

■ 図4-15　相関係数の大きさと対応する散布図の例および相関の強さ

相関係数を使うときの注意点

　相関係数は2つのデータの間にある線形な関係の強さを示す指標です。相関係数が1に近づけば正の相関が強く，−1に近づけば負の相関が強いことを表します。逆に相関係数がゼロの場合には「2つのデータは関係がない」といえるでしょうか？

　図4-16の散布図の分布はすべて相関係数を計算するとゼロになります。しかし，散布図からあきらかに2つのデータの間には関係性があります。したがって，相関係数がゼロでもデータに関係性がないとはいえません。相関係数を利用する際には必ず散布図でデータの分布を確認しましょう。

　また，2つのデータの間に相関があるからといってどちらかが原因でどちらかが結果とはかぎりません[*4]。たとえば，熱中症の患者の数が増えるときは，アイスクリームの売り上げも増えますが，どちらも原因ではなく，気温の上昇が主な共通の原因と考えられます[*5]。別の原因が2つのデータに影響している可能性もあります。

[*4]
＋α プラスアルファ
　原因と結果の関係があることを「因果関係がある」といいます。

[*5]
＋α プラスアルファ
　相関はあるが因果関係がない2つのデータの関係を「疑似相関」「見せかけの相関」などといいます。

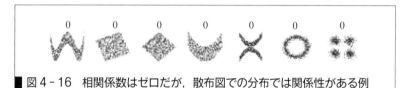

0   0   0   0   0   0   0

■ 図4-16　相関係数はゼロだが，散布図での分布では関係性がある例

4-4-8 データの性質を分ける4つの尺度水準

　いくつかの代表的な可視化手法を紹介してきましたが，データの性質によって適した可視化手法があり，間違った選択をしてしまうとわかりにくくなったり，誤解をまねいたりします。たとえば，学生ごとのテストの点数を折れ線グラフで表したり，気温の時間変化を円グラフで描いても情報を読み取ることは難しいですよね（図4-17）。それぞれのデータの性質に適した可視化手法があるからです。逆に適切な可視化手法を選ぶためにはデータの性質を知る必要があります。

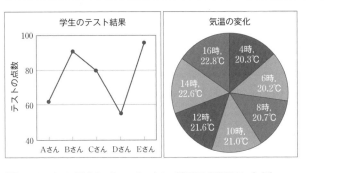

■ 図4-17　データの尺度に合っていないグラフを選択した例

　一般にデータはその性質によって以下の4つの尺度（尺度水準）に分類することができます。可視化したいデータの尺度水準を知ることで適切な可視化手法を選びやすくなります。

名義尺度

　単に区別するため用いる，順序関係のない名前のようなデータです。学籍番号や血液型のA，B，O，ABを0，1，2，3とそれぞれ対応させた場合もこれに含まれます。これらのデータの差や平均値を求めても意味はありません。

順序尺度

　値の順序，大小関係にのみ意味があり，値の間隔には意味がないものです。たとえば，競走競技での順位や，「よい」「普通」「悪い」を1，0，−1とそれぞれ割り当てる場合です。

間隔尺度

　数値の差にのみ意味があり，比には意味がないものです。「距離尺度」と呼ばれることもあり，順序尺度の性質も持っています。気温や西暦の年号などが含まれます。たとえば，気温が10℃から15℃になったとき「50％温度が上昇した」とはいえません。5℃上昇したことに意味があります。

比例尺度

　数値の差だけでなく比にも意味があるものです。順序尺度，間隔尺度の性質も持っています。重さや長さ，降水量などが含まれ，たとえば，体重が50kgから55kgに増えたとき，10％増加したことにも意味があります。

尺度水準に合ったグラフの例

　代表的な可視化手法の棒グラフと折れ線グラフ，円グラフについて考

えてみます。棒グラフは0から始まるのが基本ですので，比例尺度の量を可視化する場合に利用します。一方，折れ線グラフは0から始める必要がないので，間隔尺度の量を可視化するのに適しています。降水量（比例尺度）は棒グラフ，気温（間隔尺度）は折れ線グラフで表されているのはこのためです。円グラフはデータが名義尺度と順序尺度のときに適した可視化手法です。したがって，図4-17の「学生のテスト結果」では，テストの点数が比例尺度なので棒グラフが適していると考えられます。

4　5　誤解をまねく可視化の事例

　不適切な可視化手法を選ぶと誤解をまねくので注意してください。たとえば，テレビや新聞・広告で見かけるグラフなどでは，誤解をまねく表現や間違いが多数見受けられます。このようなデータに嘘をつかせようとしている可視化を見抜く力も非常に大切です。

4-5-1 問題のある円グラフ
　図4-18は問題のある立体円グラフと通常の円グラフを示しました。どんな問題があるかわかりますか？

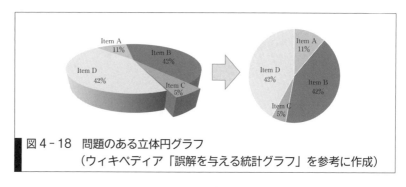

■ 図4-18　問題のある立体円グラフ
　　　　　（ウィキペディア「誤解を与える統計グラフ」を参考に作成）

　立体円グラフでは円の形が歪んで割合を表す面積比が変わってしまうことに加えて，本来は存在しない側面の面積が加算されてしまいItem Dが最も大きく見えます。実際，右の円グラフからItem DはItem Bと同じ割合です。また，Item Cは飛び出しているので，Item Aの2倍はありそうな印象を持つかもしれませんが，実際には半分以下です。

4-5-2 問題のある棒グラフ

図4-19に示した2つの棒グラフはどちらのグラフも同じデータを表しています。左のグラフでは月によってもA，B，C，Dの違いによっても大きな差があるように見えますが，右のグラフでは変化がないようです。なぜ同じデータなのにまったく違って見えるのかわかりますか？

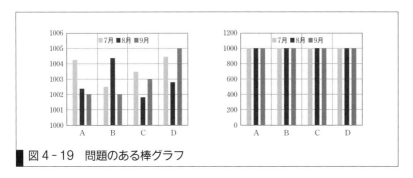

■ 図4-19　問題のある棒グラフ

違いは縦軸の範囲です。左のグラフは縦軸が1000から始まっていますが，右のグラフは0から始まっています。つまり，左のグラフの差異は全体の値から見れば小さな差にすぎないということです。この小さな差異が本質的である場合には棒グラフではなく，7月，8月，9月の時系列変化として折れ線グラフにするのもよいかもしれません。

4-5-3 問題のある絵グラフ

図4-20は絵グラフと呼ばれるグラフで，棒グラフと似て，絵の高さでその量を表現しています。一番左のグラフの問題点はわかりますか？

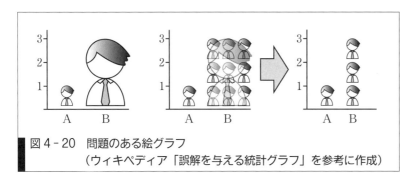

■ 図4-20　問題のある絵グラフ
　　　　　（ウィキペディア「誤解を与える統計グラフ」を参考に作成）

左の絵グラフでは，Aが1に対してBは3であることを表しているようですが，Bの画像はAの9倍の面積になっています。これはAとBとでは大きな差異があるような印象を与えてしまいます。このような場合には絵を拡大するのではなく，同じ大きさの絵を重ねて量の違いを表示するようにするとこのような誤解を避けることができます。

Let's TRY!!

　データの可視化についての演習を実教出版 Web サイトの本書の紹介ページからダウンロードできます。Excel や Google スプレッドシートを用いて可視化の演習を実施してみましょう。

　スプレッドシートでの可視化方法については東京都市大学数理・データサイエンス教育センターのサイトのデータサイエンスリテラシー講義公開資料にある「スプレッドシートを使ったデータの可視化演習」を参考にしてください。

（https://www.comm.tcu.ac.jp/mds−center/）*6

*6
第 4 章可視化演習 1「宿泊数の比較」

第 4 章可視化演習 2「アイスクリームへの支出金額」

第 4 章可視化演習 3「COVID19」

あなたがここで学んだこと

この章であなたが到達したのは

□ 代表的なグラフ・可視化手法のポイントを説明でき，データに対して適切な可視化方法を選択できる

□ 誤解をまねくグラフ・可視化手法に気づき，その問題を指摘できる

　データの可視化はデータサイエンスの第一歩であると同時に，データから情報を抽出し，必要な人が理解しやすい形で提供するという意味で，非常に重要な要素を含んでいます。可視化したグラフやチャートを見る人が知りたい情報は何か，伝えるべき情報は何かを吟味する必要があります。

　本章では，いくつかの基礎的な可視化方法を学ぶとともに実際のデータを使ってグラフなどを作成してみました。必要な情報を過剰でも過小でもなく的確に伝える可視化のためのポイントを確認し，誤解をまねくグラフ・可視化に敏感になりましょう。

テキストマイニング

　この図では「こころ」（夏目漱石）の冒頭部分「先生と私」と後半部分「先生と遺書」をそれぞれワードクラウドという方法で可視化しました。ワードクラウドでは使われる回数（出現頻度）の多い単語ほど大きなフォントで表示されます。この分析では出現頻度に加えて，この文書に特有な単語がより大きなフォントで表示されるようになっています。冒頭部分では話者が「私」なのに対して後半部分は「先生の遺書」のため話者が「先生」になり，登場する人物が変化しています。また，他の単語についても，時代背景や漱石特有の共通する単語もありますが，冒頭部分と後半部分では変化していることがわかります。

　テキストマイニングは，このような文学作品の分析だけでなく，商品に対するユーザの反応（コメント）を分析することで新商品のアイデアにつなげたり，SNSなどで人々が発信する言葉を分析することで，事故や災害の状況を把握したりとさまざまな場面で実用化が進んでいます。

●この章で学ぶことの概要

　本章では，テキストマイニングの基礎である自然言語処理技術について学んだあと，Webツールを使ってテキストマイニングを実際にやってみます。Webツールから得られた図からわかることをまとめてみましょう。テキストマイニングによる可視化とその解釈を体験することによって，テキストマイニングのポイントや分析アイデアについて考えてみましょう。

●この章の到達目標

　自然言語処理の流れを理解し，分析結果の解釈や課題を説明できるようになる。

Web ブラウザを使って「テキストマイニング　ワードクラウド」をキーワードとして画像を検索し，それら画像がどのようなデータを可視化しているのか調べてみましょう．また，その画像からどんなことがわかるのか調べたり，考えたりしてみましょう．

5 1 テキストマイニング

5-1-1 テキストマイニングとは？

テキストマイニング (Text mining) は自然言語処理 (Natural language processing) を用いて自然言語で書かれた文章の解析を行い，知識を抽出する方法・技術です．たとえば，日記に書かれた場所を時系列で抽出して，田舎に行くことが多いのか，街に出ることが多いのか，さらに季節や時期によってどのように変化してきたかを知ることができます．他の人が書いた日記の解析と比較すればより多くの一般的な知見を得ることができるでしょう．

ここではテキストマイニングで利用される自然言語処理の概念について学習します．

5-1-2 自然言語処理の基本

自然言語というのは，私たちが気持ちや考えを他の人に伝えるために，自然にできてきた言葉のことです．たとえば，日本語，英語，中国語，スペイン語などの言語が自然言語になります．一方で，C 言語や Python，Java などのプログラミング言語は人工的に作られた言語で，自然言語には含まれません．

自然言語処理では，コンピュータで扱いやすいように自然言語を単語に分解したり，単語の役割を分類したり，単語間の関係を決めたりして，コンピュータが扱いやすい情報に整理します (2-1 節「身近な製品サービスでの応用事例」の機械翻訳の項目を参照)．ここではテキストマイニングでとくに重要な形態素解析，構文解析 (係り受け解析) について具体例を用いて解説します．

形態素解析

自然言語の文章の解析を行うときに，まず初めに行う作業です．ここで，形態素とは「意味を持つ言葉の最小単位」のことを表しています．そして形態素解析とは，自然言語の文章 (テキストデータ) をその自然言語の文法や，単語の品詞などを記した辞書に基づいて形態素に分割し，それぞれの形態素の役割を見分ける作業です．

構文解析（係り受け解析）

　文節と文節の間の関係を調べて文章の構造・組み立てを明らかにすることです。ここで文節というのは言葉として不自然にならないように区切ったときの最小単位で，1つ以上の形態素からできています。この文節間の関係は「係り受け関係」といい，たとえば「主語」と「述語」の関係や「修飾語」と「被修飾語」の関係など，どの語がどの語を修飾，補足，接続しているかという関係です。このように，構文解析は各形態素の品詞と文の意味解釈の両面から各文節の文中での役割をあきらかにし，結果として文全体の構造を把握する作業です。

　では，実際に形態素解析・構文解析を行ってみましょう。図5-1の例では，まず「彼はピアノを弾きます」という文章を形態素に分割し，品詞を判別します。続いて，1つのもしくは2つ以上の形態素から文節を作り，文節間の係り受けの関係をあきらかにして文全体の構造を解釈しています。

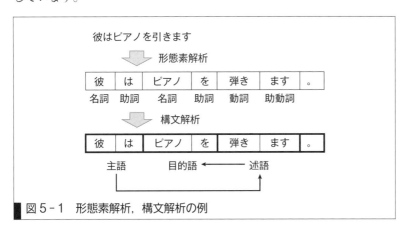

■ 図 5-1　形態素解析，構文解析の例

5-1-3 テキストマイニング演習

　形態素解析や構文解析によって得られる情報を使ったテキストマイニングを実施してみましょう。ここではツールをパソコンにインストールすることなく，Webブラウザでアクセスするだけで分析が可能なウェブツールを利用して分析を実施します。分析に使うテキストデータはどのような文章でも構いませんが，ここでは著作権の問題がない「青空文庫」に収録されている文章を使って分析してみましょう。「青空文庫」に収録されている書籍のテキストデータは第7章で学習するオープンデータの1つとして活用されています。

青空文庫（https://www.aozora.gr.jp/）

　著作権の保護期間を過ぎた作品（パブリックドメイン）や「自由に読んでもらってかまわない」と著者に許諾された作品をボランティアの

方々がテキスト形式と XHTML 形式[1] に変換し，無償で公開している電子図書館です。1997 年から公開していて，その活動はとても先駆的だったと考えられます。公開されている作品は「作家別」「作品別」「分野別」で検索できるようになっています。収録作品数は年々増加しており，16000 点を超える作品が閲覧できるようになっています。

　また，青空文庫では機械判読が容易な形式[2]でデータが提供されているため，鑑賞したい人の特性に合わせて大きな文字で印刷したり，ソフトウェアと組み合わせてテキストを読み上げたり，インターネット上で作品を読むだけではない，さまざまな応用が進められています。

テキストマイニング Web ツール（https://textmining.userlocal.jp/）

　ワードクラウドなどのテキストマイニングは Python や R などのプログラム言語を用いてプログラムを作成することで実施できますが，ここでは株式会社ユーザーローカルが無償で提供している Web ツールを用いてテキストマイニングを実施してみます。この Web ツールではウェブサイト上で任意のテキストを入力し，「テキストマイニングする」ボタンを押すだけで分析を実行できます。ユーザ登録をすることでより詳細な分析が可能ですが，この演習では登録せずに提供される 5 つの分析結果「ワードクラウド」「単語出現頻度」「共起キーワード」「2 次元マップ」「階層的クラスタリング」について分析結果の解析と考察を行ってみましょう。

演習実施手順[3]

① Web ブラウザで「青空文庫」の HP（https://www.aozora.gr.jp/）を開きます（図 5 - 2）。

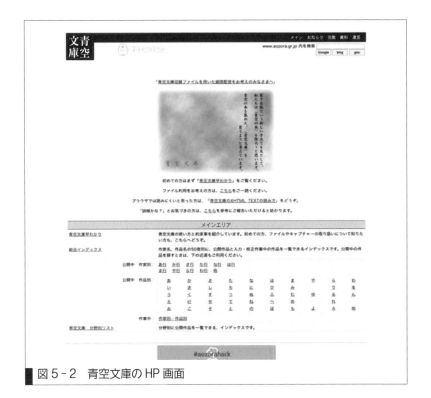

図5-2 青空文庫のHP画面

② 次に分析したい作品を選定します。「総合インデックス」や「公開
中　作家別：」「公開中　作品別：」にある表から作家別や作品別で
目当ての作品をさがすことができます。また，HPの右上にある
「www.aozora.gr.jp内を検索」から本のタイトルの一部や作品中の
キーワードを入力し，検索エンジンのボタンをクリックすることでも
作品をさがすことができます（図5-3）。

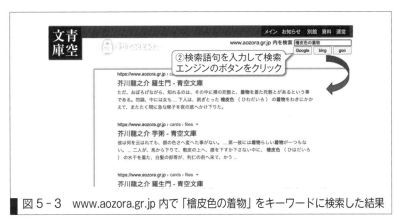

図5-3 www.aozora.gr.jp内で「檜皮色の着物」をキーワードに検索した結果

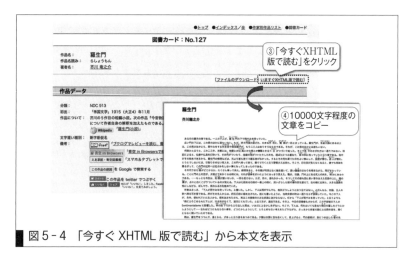

図5-4 「今すぐ XHTML 版で読む」から本文を表示

③　分析したい作品の図書カードが表示されたら，「いますぐ XHTML 版で読む」をクリックして作品を表示します（図5-4）。

④　選定した作品から 10000 文字程度の文章をマウスでドラッグして選択し，コピーします。

⑤　ユーザーローカルのテキストマイニング HP（https://textmining. userlocal.jp/）を Web ブラウザで開いて，④でコピーしたデータを「フォーム入力」欄に貼りつけます（図5-5）。

⑥　入力欄右下にある文字数が 10000 文字を超えていないことを確認します。文字数がオーバーする場合は適宜削除して 10000 文字以内になるように調整します*4。文字数が多い場合は，たとえば前半と後半で分けたり，章ごとに分析することで，文体や単語の変化を分析することも興味深いと思います。

⑦　文字数の調整ができたら「テキストマイニングする」ボタンをクリックします。

*4
＋α プラスアルファ
　ユーザー登録をすると文字数制限が 20 万文字になります。

図5-5　コピーしたテキストをペーストし，文字数を調整したら分析を実行

⑧　出力される分析結果を確認し，表示された図やグラフからあきらか
　　にわかること（データに基づいて理解できる結果）と，それらの結果
　　やその組み合わせから推定されることをそれぞれ分けて書き出してみ
　　ます（分析結果の5つの図の間で内容が重複してもかまいません）。

⑨　書き出した内容をもとに，作品の特徴をよくとらえている，もしく
　　は非常に興味深い特徴が見られる分析結果（図やグラフとその考察）
　　を1〜2種類選択し，まとめの資料（スライドまたはスプレッドシー
　　ト）を作成します[*5]。

*5　WebにLink
　まとめの資料（スライド，
スプレッドシート）のテンプ
レートは実教出版Webサイ
トと下記QRコードからダ
ウンロードできます。
第5章スライド「テキスト
マイニング」

演習結果のまとめ

　分析結果の図からどんなことがわかりましたか？

　ここでは，それぞれの分析結果の図が表示している内容について簡単
に解説し，分析結果を考察した例を示します。以下の考察例が「正解」
というわけではありません。分析結果をどのような視点で情報を読み取
り，どこに焦点を当てるのかによってさまざまな考察が考えられます。
ここでは芥川龍之介の「羅生門」全文を入力したときの5つの分析結
果の図とそれらの考察例を紹介します。[*6]

1）　ワードクラウド（図5-6）

〈技術の解説〉

文章中の各単語の出現頻度やその重要性に応じて各単語のスコアを算出，
出現頻度やスコアが高い単語をその値に応じたフォントの大きさで図示
します。出現頻度による図とスコアによる図のどちらかを選択できます。
図5-6はグレースケールですが，実際は各単語の色が品詞によって色
付けされており，名詞は青色，動詞は赤色，形容詞は緑色，感動詞は灰
色となっています。

*6
　青空文庫のテキストにはふ
りがなが含まれていますが，
この分析ではふりがなを削除
してから分析しています。

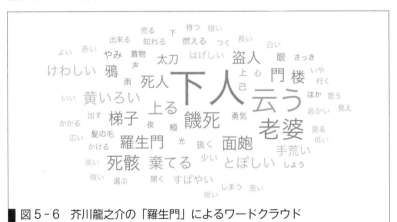

■ 図5-6　芥川龍之介の「羅生門」によるワードクラウド

〈分析結果の考察〉

・主人公の「下人（げにん）」や「老婆」が大きく表示され，出現頻度が高い
　ことがわかる

・下人の特徴である「面皰」の頻度が高く，象徴的な単語になっている

・舞台である「羅生門」と「梯子」，さらに状況を示す陰鬱な印象を与える言葉が多く使用されている

2）　単語出現頻度（図5-7）

〈技術の解説〉

　入力した文章中の単語の出現頻度が高い順に品詞ごとにまとめています。「スコア」は，この文章で特徴的な単語がより高い値になるように算出されています。スコアは単語の出現回数が多いほど高くなりますが，他の文書でもよく使われる単語はスコアが低めになります。出現頻度だけでなく，スコアによる並べ替えも可能です。

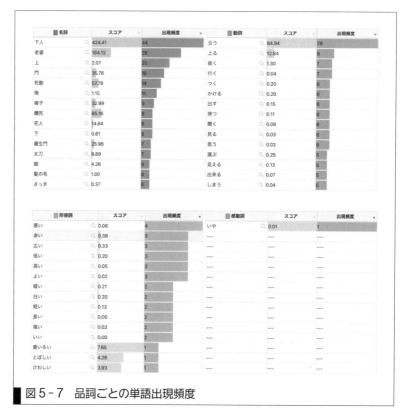

名詞	スコア	出現頻度		動詞	スコア	出現頻度
下人	424.41	44		云う	84.94	28
老婆	164.12	26		上る	12.84	8
上	2.07	20		抜く	1.30	7
門	35.76	16		行く	0.04	7
死骸	57.78	14		つく	0.20	6
雨	1.15	11		かける	0.20	6
梯子	32.99	9		出す	0.15	6
餓死	85.16	8		持つ	0.11	6
死人	14.84	8		聞く	0.09	6
下	0.81	8		見る	0.03	6
羅生門	25.96	7		思う	0.02	6
太刀	8.89	7		選ぶ	0.25	5
眼	4.26	6		見える	0.13	5
髪の毛	1.00	6		出来る	0.07	5
さっき	0.37	6		しまう	0.04	5

形容詞	スコア	出現頻度		感動詞	スコア	出現頻度
悪い	0.06	4		いや	0.01	1
赤い	0.38	3		---	---	---
広い	0.33	3		---	---	---
低い	0.20	3		---	---	---
高い	0.05	3		---	---	---
よい	0.02	3		---	---	---
暗い	0.21	2		---	---	---
白い	0.20	2		---	---	---
短い	0.13	2		---	---	---
長い	0.05	2		---	---	---
強い	0.02	2		---	---	---
いい	0.00	2		---	---	---
黄いろい	7.65	1		---	---	---
とぼしい	4.26	1		---	---	---
けわしい	3.93	1		---	---	---

図5-7　品詞ごとの単語出現頻度

〈分析結果の考察〉

・主人公の「下人」や「老婆」の出現頻度が非常に高い

・下人の特徴である「面皰」の頻度が高く，象徴的な単語になっている

・小説の舞台である羅生門と梯子，さらに「死骸」「餓死」「死人」など死にまつわる言葉が多く使用されている

・一般的な「云う」「上る」のほかに鴉が「啼く」や死骸が「棄て」られるなどの退廃的な状況を示す言葉が上位に現れた

図5-7では出現頻度順で表示していますが，スコア順で並べ替えることで特徴的な単語が上位にランキングされます。名詞に関してはこの作品に特徴的な単語が抽出されているように見えますが，動詞，形容詞についてはほとんどの単語が一度しか出現しておらず，重要性の判断はこの分析だけでは難しいと考えられます。感動詞は「いや」のみが抽出されており，この作品では感動詞はほとんど使われていないということがわかります。

3) 共起キーワード（図5-8）

〈技術の解説〉

　同じ文章中で出現することが多い単語同士を線で結んだグラフ・ネットワーク図です。出現数が多い語ほど大きく，また同じ文中でより近くに配置される機会が多いほど太いエッジでつながれます。

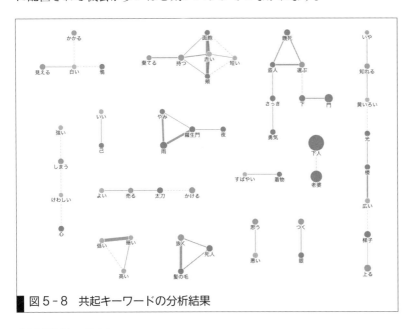

■ 図5-8　共起キーワードの分析結果

〈分析結果の考察〉

・主人公の「下人」と「老婆」のやり取りで物語が成り立っている
・下人の「頬」にある「赤い」「面皰」が何度も現れ強調される
・老婆の「死人」の「髪の毛」を「抜く」という動作が繰り返し現れ，強調されている
・「羅生門」の風景として「夜」「やみ」「雨」が特徴的に現れる
・「盗人」「饑死」という名詞と，「選ぶ」という動詞の関係から下人の逡巡（しゅんじゅん）が抽出されていると考えらえる。また，作品の中では2通りの「勇気」が使われているが，「盗人」から最終的に「さっき」まで欠けていた「勇気」とつながっており，物語の重要なポイントが抽出されている

4) 2次元マップ（図5-9）

〈技術の解説〉

同じ文中で出現することが多い単語ほど近く，そうでない単語ほど遠くに配置されます。同じ文中でより近くに配置されて使われる機会が多い単語はグループごとにまとめて色分けしています（図5-9はグレースケール。色分けが品詞ではないことに注意）。

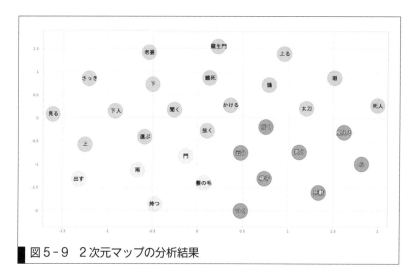

■ 図5-9　2次元マップの分析結果

〈分析結果の考察〉

・上部は左側に「下人」を中心とした動作や「老婆」が配置され，下人を中心とした物語展開が読み取れる。また右側は名詞を中心として「羅生門」「鴉」「死人」など羅生門近辺の環境に関するキーワードが抽出されている

・中央縦に「饑死」と「抜く」「髪の毛」が並んでおり，「饑死」するのか「髪の毛」を「抜く」ことで生きるのかの対比が抽出されているようである

2次元マップは多次元での単語間の距離を2次元に射影した図なので，縦軸，横軸自体には意味がなく，各単語間の距離に意味があります。図5-9では，一般的な動詞である「云う」や「行く」が中央付近に現れ，他の言葉と連携していることを示唆していると考えられます。

5)　階層的クラスタリング（図5-10）

〈技術の解説〉

同じ文中で一緒に出現しがちな単語をまとめて，2つの単語の配置が遠いか近いかを横軸として樹形図で表したものです。図5-10はグレースケールですが，実際にはクラスタのグループごとに色分けをして表示されています。クラスタをまとめている縦線の位置が横軸の位置に対応しています。

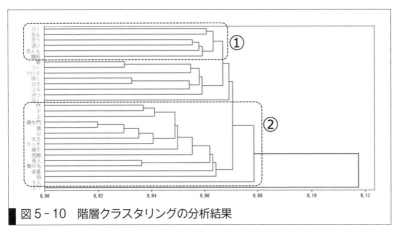

図5-10 階層クラスタリングの分析結果

〈分析結果の考察〉

- ・「餓死」するか「盗人」になるかを「選ぶ」ことにかかわる言葉のまとまりや，羅生門のまわりの状況を描写するような表現がまとまりとして現れていると考えられる（図5-10①部分）
- ・図の下半分の大きなクラスタは，羅生門の状況から老婆までを階層的に抽出している（図5-10②部分）

　階層的クラスタ分析は出現傾向が似ている単語のクラスタ間の関係を階層的にとらえることができます。「羅生門のまわりの状況」と考えたクラスタ①は，図5-10よりも出現頻度が少ない単語も加えて，クラスタを細かく分類してもよいかもしれませんが，いろいろな要素が含まれているため解釈が難しいかもしれません。

自然言語処理の応用

　2-1節では自然言語処理による翻訳について説明しました。また，この章では自然言語処理の応用の1つとしてテキストマイニングを実施しました。このように自然言語処理は人間の気持ちや考えをまとめたり，伝えるために非常に有用な技術といえます。最近ではスマートスピーカなどのように自然言語を使って人間とコンピュータが意思疎通することも実用化され，研究も急速に進んでいます。また，人間のように学習し言葉や物事を理解する能力を持つ汎用人工知能を実現するうえでは不可欠な技術です。さらに，自然言語処理のためのディープラーニングの技術を画像処理などのほかの分析に流用する研究も進められています。

　テキストマイニングを提供しているWebサイトは他にもいくつかあります。分析の方法や可視化の工夫が異なりますので，他のツールで同様の分析をして比較をしてみてもよいでしょう。また，RやPythonによるテキストマイニングのプログラムは公開されているものもあり書籍も多いので，プログラミングに興味がある場合はぜひ挑戦してみてください。

あなたがここで学んだこと

この章であなたが到達したのは

□ 自然言語処理の基礎的な技術について説明できる

□ ワードクラウドや単語出現頻度，共起キーワードなどの出力を見て結果を説明したり，解釈することができる

　本章では，青空文庫の著作を利用してテキストマイニングを実施しましたが，結果の解釈をすることが難しいと感じた人も多かったのではないでしょうか。テキストマイニングの分析結果を読み解いて有用な情報を得ることは簡単ではありませんが，テキストマイニングでは非常に重要な作業になります。一方で，どのテキストデータを使ってどの視点から分析をするかという分析アイデアを考えることも重要です。たとえばSNSや口コミ情報などのテキストデータを分析することによって，商品の評判や課題などを抽出したり，それらをもとに売上が高い商品に共通するコメントやどのような改善が求められているかなどを考察すると企業でも役立つ成果になります。このような分析アイデアを練って，実際にトライしてみてください。

2部 6章

ディープラーニング

　この図は小脳にあるプルキンエ細胞の樹状突起を表しています。ヒトの脳には1000億個もの神経細胞があり，木の枝のように枝分かれしている樹状突起（Dendrites）の先端に形成された数百兆個を超えるシナプス（Synapse）という構造を介しておたがいに接合し，非常に複雑なネットワークを形成しています。そして隣の神

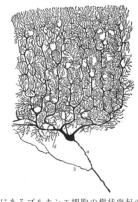

小脳にあるプルキンエ細胞の樹状突起の様子
（public domain）

経細胞から次の神経細胞へ状況に応じて情報を伝達することで脳は複雑な判断を実現しています。

　この神経細胞（ニューロン：Neuron）によるネットワークを模して考案されたのが人工ニューラルネットワークです。この人工ニューラルネットワークを多層に重ね合わせたネットワークを用いて脳のように複雑な判断や予測をする機械学習の技術はディープラーニング（深層学習）と呼ばれています。人工ニューロンによる処理が神経細胞の処理の本質を現しているかどうかについては，諸説あるようですが，ディープラーニングがさまざまな産業や社会の課題解決に有用な技術として，近年目覚ましい発展をとげていることは間違いありません。

●この章で学ぶことの概要

　この章では，ディープラーニングと従来の機械学習との違いについて学習し，Web ブラウザから利用できるソニーネットワークコミュニケーションズ株式会社が展開する Neural Network Console（以下NNC）を用いて実際にプログラムを作成・実行します。さらに，ニューラルネットワークをカスタマイズして精度向上する方法を探索します。

●この章の到達目標

　1. 従来型の機械学習とディープラーニングの違いを説明できる
　2. ディープラーニングのプログラムのフローを説明できる
　3. NNC を使って画像を識別するプログラムを構築できる

以下の用語について調べてまとめておこう。

（ア）ニューラルネットワーク

（イ）プログラムライブラリ

（ウ）活性化関数

（エ）損失関数

6 1 ディープラーニングとは？

ディープラーニングは1章で学んだように人工知能を実現する機械学習の技術の1つで，IoT機器による大量のデータ収集とコンピュータの計算能力の飛躍的な向上によって，近年急速に発展しています。ここではその原理と特徴について学んでいきましょう。

6-1-1 神経細胞とニューラルネットワーク

ディープラーニングは第1章でふれたように大量のデータから機械が自動的にデータの特徴を抽出してくれるニューラルネットワークを用いた技術です。ここで，ニューラルネットワークというのは神経細胞を模して作られた人工ニューロンからなるネットワークのことです。神経細胞は樹状突起と呼ばれる木の枝のように枝分かれして広がった構造の先端で他の細胞と接続してシナプスという構造を形成します。シナプスでの構造や接続状態の変化によって他の複数の細胞から受け取った刺激（入力信号）が変換・加工され次の細胞へと伝達されます。これとまったく同様に，人工ニューロンでは入力された複数のデータに対して重みを乗じた値の総和がある一定の閾値を超えると次のニューロンに情報を

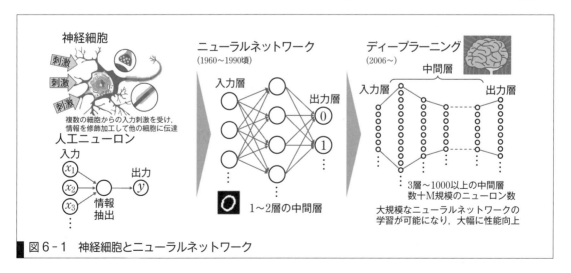

図6-1 神経細胞とニューラルネットワーク

出力していきます。図6-1のように複数の人工ニューロンを組み合わせて形成したニューラルネットワークでは黒字に白の「0（ゼロ）」という手書き文字の画像情報を入力として，最終的な出力層では「0」である確率，「1」である確率を出力するネットワークを形成しています。

入力層と出力層の間にあるネットワークを中間層と呼び，ディープラーニングでは数層から1000層以上の層から形成され，さまざまな入力情報に対して識別（分類）や予測（回帰）などの高度な処理ができるようになっています。

6-1-2 ディープラーニングの特徴

従来の機械学習とディープラーニングの違いについて，図6-2に画像認識の場合を例に説明します。

従来の機械学習では，図6-2の上段に示すように

1) 画像のデータからその画像の特徴は何かを画像認識技術のエキスパートが見極めて，画像データからその特徴を表す情報（特徴量）を抽出します（図6-2上段　信号処理）。

たとえば顔の輪郭や目と目の間の距離，鼻の形，などの情報を顔の特徴と決め，各画像からデータ抽出してデータセットを作ります。

2) 画像の特徴を表す情報（データセット）を学習して見分けられるようなモデル（計算式）を形成します（図6-2上段　判別学習）。

3) 学習に用いていない新しい画像の情報から特徴を抽出し，形成されたモデルを使って画像の判別をします。

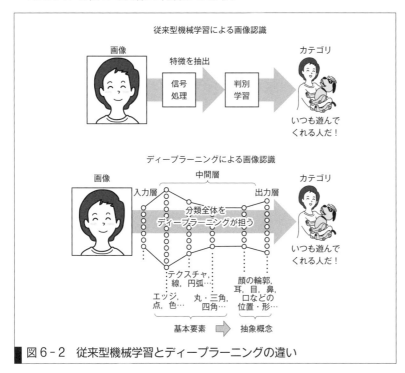

図6-2　従来型機械学習とディープラーニングの違い

ディープラーニングでは，上記の1)から3)のプロセスを図6-2の下段に示すようにすべて中間層の部分に含めています。したがって，画像データとその画像の出力したい情報（たとえば顔認証なら顔写真と対応する人物のID番号など）を与えれば認識モデルを構築できます。つまり，データに合わせて自動的に最適な特徴量を生成・選択可能になります。最近の研究によると，入力に近い層にはエッジや点，色など基本要素が自動的に抽出され，出力に近い層には従来の判別学習に相当する抽象概念が抽出され，判別されていることがわかってきています（図6-2下段）。

　ディープラーニングは学習データに合わせて自動的に最適な特徴量を生成・選択可能になることによって，人の視点で考えた特徴量を使った従来型の機械学習よりも精度が高くなる傾向にあります。図6-3上には「ImageNet」という画像データセット（1400万枚以上のカラー写真画像と2万カテゴリの正解ラベル）での識別誤差について，従来型の機械学習とディープラーニングで比較しています。従来の技術での誤差がディープラーニングの登場によって減少し，飛躍的に精度向上したことがわかります。ここで，ディープラーニングで学習時に決定すべきパラメータの数も近年飛躍的に増加していることもわかります。

　一方で，ディープラーニングは学習データが少ないと従来型の機械学習と比べても精度が低くなる傾向があることがわかっています（図6-3下）。したがって，ディープラーニングで高い精度を実現するためにはより多くのデータを収集し，学習する必要があります。また，1つのカテゴリにデータが集中していたり，同じような傾向のデータが多くても識別／予測したい新たなデータに対して十分に機能するモデルを構築することは難しいと考えられます。つまり，多様なデータを数多く収集する必要があります。その点で，IoT機器などによるビッグデータの取得が期待でき，大規模・高速な計算が可能になった近年の環境はディープラーニングにとって好都合だといえるでしょう。

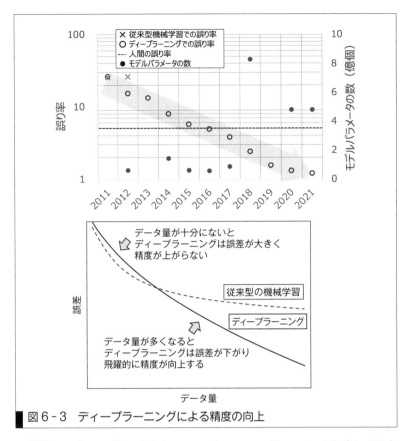

図6-3 ディープラーニングによる精度の向上

　前述のように，特に高度なディープラーニングのアルゴリズムでは大量のデータと高速な計算機による長時間の学習が必要になり，計算機やデータなどのリソースがないと実際に使うことができない，という課題がありました。しかし，最近の研究では学習を事前学習とファインチューニングの2段階に分け，事前学習のモデルからさまざまな応用に向けて学習（ファインチューニング）する際には少ないデータで高速にモデルを構築できる，という技術も開発されています。この方法では，事前学習には大量のデータを用いて，高速な計算機による長時間のモデル構築が必要ですが，汎用的なモデルが構築されるため，この汎用モデルを共有することでさまざまな応用に非常に精度の高いモデルを構築できることがわかってきています。

6-2-1 手書き数字の識別の概要

図6-4に示すように手書きの「4」と「9」の文字画像を識別するシンプルなプログラムをソニーネットワークコミュニケーションズが公開している Neural Network Console（以下 NNC）という Web ツールのサンプルプログラムを使って実行してみます。

図6-4に機械学習での手書き数字の識別の流れを示します。ここでは正解情報が付された手書き数字データから，手書き数字の画像と表している数字の関係を学習し，予測モデルを構築します。この予測モデルを使って，学習で使っていない手書き数字の画像がどの数字なのかを予測します。

手書きの数字画像はすでにサンプルコードに準備されている MNIST[*1]のデータセット[*2]を利用します。

*1
Modified National Institute of Standard and Technology database の略。

*2
+α プラスアルファ
MNIST のデータセット
「0」〜「9」の手書き数字の画像データセットで，機械学習による画像認識のテストデータとして利用される。

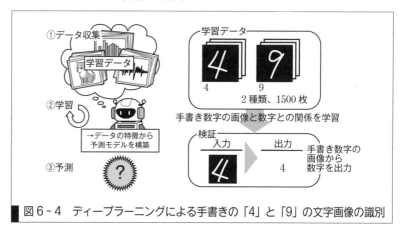

図6-4 ディープラーニングによる手書きの「4」と「9」の文字画像の識別

6-2-2 Neural Network Console（NNC）へのサインイン

① Web ブラウザの準備（図6-5）

まず，NNC を利用する Web ブラウザとして Google Chrome が推奨されていますので，Google Chrome を以下のサイトからダウンロードし，指示に従ってインストールしてください。

https://www.google.co.jp/chrome/

図6-5 Google Chrome のインストールサイト

② Google Chrome で NNC の日本語サイト (https://dl.sony.com/ ja) を開きます (図 6 − 6)。

③ 「無料で体験」ボタンをクリックします。

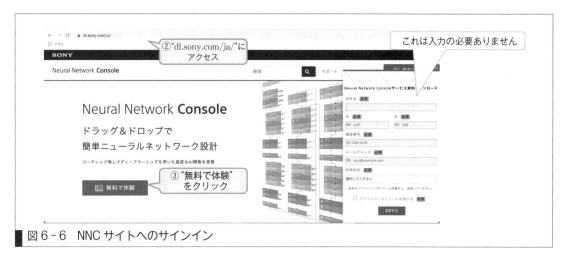

図 6 - 6　NNC サイトへのサインイン

④ サインインアカウントとして「Google」もしくは「Sony」のどちらかを選択します (図 6 − 7)。

⑤⑤´ 既存のアカウントがある場合はそれを利用すると簡単に登録ができます。アカウントがない場合は別のアカウントを使用，または「アカウントの作成」をクリックして新しいアカウントを作成します。

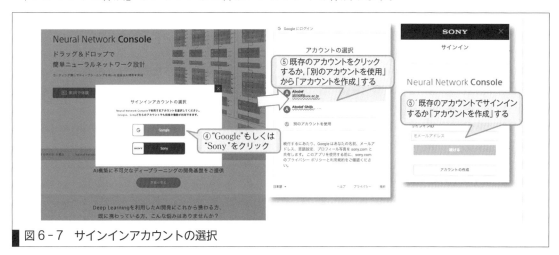

図 6 - 7　サインインアカウントの選択

⑥ ユーザー情報の入力画面 (図 6 − 8) が表示されたら「メールアカウント」に登録したメールアドレスを入力します。

⑦ 「業務上での利用予定」について，学生の方は「予定なし」を選択します。

⑧ 「プライバシーポリシーに同意する」をチェックして「確認画面へ」ボタンをクリックします。

⑨ 内容を確認して「送信する」ボタンをクリックします。

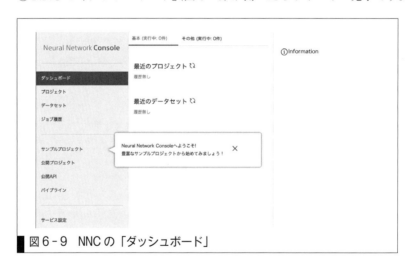

図6-8　ユーザー情報の入力

⑩ NNCの「ダッシュボード」(図6-9) が開いたらサインイン完了です。

図6-9　NNCの「ダッシュボード」

6-2-3 サンプルプログラム(「4」と「9」の手書き数字を識別するプログラム)の選択とデータセットの確認

① ダッシュボード画面の左にあるメニューから「サンプルプロジェクト」をクリックします(図6-10)。

② 左上に表示される「画像認識」をクリックします。

③ 左上に現れる「Tutrial.Basics.01_logistic_regression」の「Cloudで開く」ボタンをクリックします。

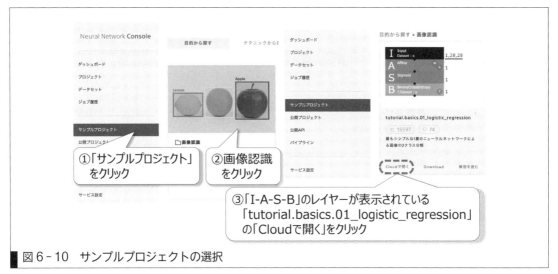

図6-10　サンプルプロジェクトの選択

④　サンプルプロジェクトをもとに新プロジェクトを開くので、半角英
数字でプロジェクト名(任意)を記載して「OK」をクリックします
(図6-11)。

⑤　そして、作成された新しいプロジェクト名をクリックしてプロジェ
クトを開始します。

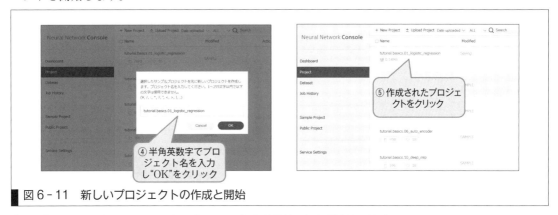

図6-11　新しいプロジェクトの作成と開始

⑥　プログラム(ニューラルネットワーク)を確認します(図6-12上
段)。

　中央に表示されている「I」「A」「S」「B」と書かれた長方形が「レ
イヤー」と呼ばれるプログラムのユニットになっており、さまざまな
レイヤーを組み合わせてつなぐことによってプログラム(ニューラル
ネットワーク)を作ることができます(詳細は6-3節で説明します)。

⑦　上部メニューバーの右側にある「データセット」ボタンをクリック
して設定されているデータセットを確認します(図6-12下段)。

　左側のサイドバーに設定されている2つのデータセットの概要が
表示されています。上が「Training」とあるように学習用のデータ
セットで「minist.small_mnist_4or9_training」が設定されている
ことがわかります。データの数は1500枚です。

「データセット」ボタンを押す

図6-12　プログラムと利用するデータセットの確認

　右側には実際の画像データが表示され，それぞれの画像が「4」と「9」のどちらかを示す正解データが記載されています。ここで，画像が「4」である場合は「0」，「9」である場合は「1」と記載されていることに注意してください。

　1ページに10枚の手書き数字画像が表示されており，右上にある「《　〈　1 / 150　〉　》」の「〉」をクリックすることで2ページ目の画像データと正解データが表示されます。

　サイドバー「Training」のデータセットの下には「Validation」のデータセットが設定されています。こちらは「Training」のデータセットで学習したあとで，構築したモデルの精度を検証するために利用される検証用のデータセットです。「Training」で設定されたデータセットには含まれない画像データ500枚が設定されています。

　設定されているデータを確認したら，トップメニューの左にある「編集」ボタンをクリックして⑥のプログラム編集画面に戻ります。

6-2-4 サンプルプログラムでの学習の実行

① プログラムと学習・検証データを確認したら，右端にある「実行」
ボタンをクリックしてプログラムを実行してみましょう（図6-13上
段）。

　プログラムを実行するとNNCのサーバ上で，専用の計算機（イン
スタンス）が立ち上がり，プログラムや設定，データなどの情報が送
られたあと，プログラムが実行されます。この「実行」では，
Trainingに設定されていたデータ「mnist.small_mnist_4or9_
training」を使って学習が実行されます。

② 編集画面で実行ボタンを押すとトップメニューの「編集」から「学
習」に自動的に移動し，画面表示が変わります。しばらく（数分程度）
待つとグラフが表示されます（図6-13下段）。学習では「4」か「9」
かをより多くのデータについて識別できるようにモデルを少しずつ変
化させて，更新していきます。表示されるグラフは学習曲線と呼ばれ，
横軸は学習モデルの更新回数（学習反復世代数，Epoch数），縦軸は
正解との誤差を表しています。更新にしたがって誤差が小さくなり識
別精度が向上していることがわかります。

③ 更新回数は100回に設定されているため，100回更新され学習が終
了したら，右上の「実行」ボタンを押して評価を実行します。

図6-13　学習の実行

6-**2**-**5** サンプルプログラムの評価結果の確認

① 評価を実行してしばらくすると（数分程度），評価用データ（Validation データに設定した「mnist.small_mnist_4or9_test」）のそれぞれに対して評価結果が表示されます（図6-14）。表示されたテーブルの「x:image」は識別を行った画像データ，「y:9」は正解ラベル（「4」であれば「0」，「9」であれば「1」と記載），y' は 0≤y'<0.5 なら「4」，0.5<y'≤1 なら「9」と識別されたことになります。ただし，0.5近傍では2つの数字をうまく識別できなかったと考えたほうがよいでしょう。たとえば，Index 48 の手書き数字は「9」ですが，y' の値が0.5より小さいので「4」と誤って識別されていることがわかります。Index 125 の「4」は y' の値が0.5より大きいので「9」と識別されています。他の手書き数字についても，識別ができているかどうか確認してみましょう。

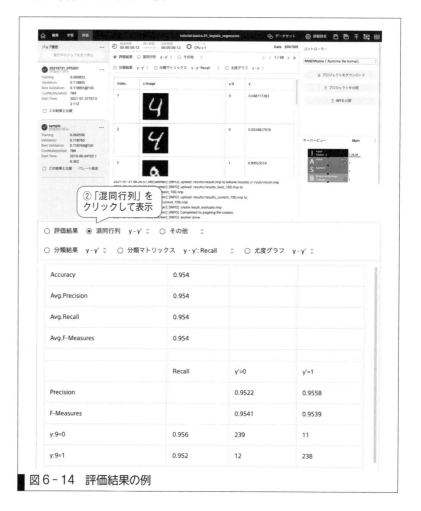

図6-14　評価結果の例

② 識別の精度を調べるためにテーブルの上部にある「混同行列」をクリックしてみましょう。評価の実行に対する「Accuracy（精度）」「Avg.Precision（適合率の平均）」「Avg.Recall（再現率の平均）」「Avg.F - Measure（F 値の平均）」と混同行列が表示されます。混同行列の値から上記の統計値が求められるか確認してみましょう。たとえば Accuracy は (239＋238)/500＝0.954 となることが確認できます。

▮6▮-▮2▮-▮6▮ ログアウト

ひととおりの作業が終了したら NNC のサイトからログアウトしましょう。

① 図 6 - 15 に示すようにホームボタン（🏠）をクリックするとサイドバー最下段に ID 番号が表示されます。

② ID 番号をクリックします。

③ 表示される「ログアウト」をクリックします。

ログアウトをしても実行中の計算は継続され，実行結果は保存されます。

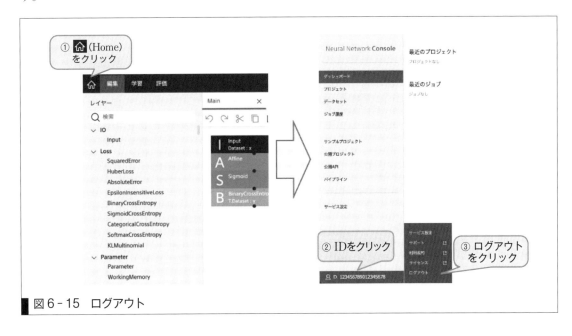

図 6 - 15 ログアウト

6 3 ディープラーニングを使ってみる

6-3-1 新しいプロジェクトの作成

① NNC のサイトにサインインしたら（図6-16），左サイドバーから「プロジェクト」をクリックする。

② 上メニューに表示される「プロジェクトの新規作成」をクリックします。

③ 半角英数字で任意のプロジェクト名を入力し「OK」をクリックします。

④ ブランクの新規プロジェクトが作成されます。

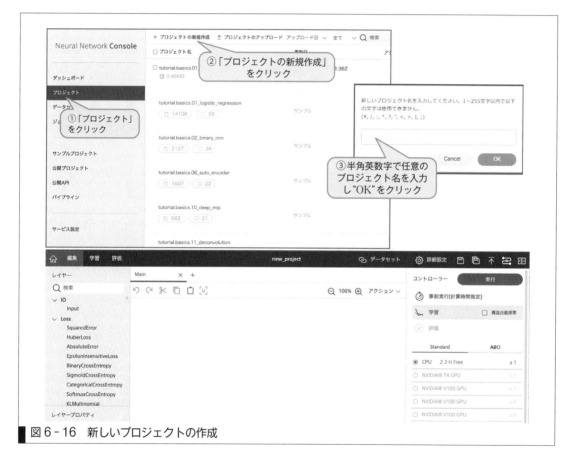

図6-16 新しいプロジェクトの作成

6-3-2 学習・評価用データセットの設定

はじめに学習・評価用のデータを設定します。プログラムを構築後に設定してもかまいませんが，データが設定されていないと学習も評価もできません。忘れずに設定しましょう（図6-17と図6-18）。

① トップメニュー右側にある「データセット」をクリックします。

② 左サイドバーの「Training」をクリックし，右隣「データセットの選択」の「選択されていません」をクリックします。

利用できるデータセットが表示され，各データセットの欄をクリッ

クするとデータを閲覧することができます。

③ 表示されたデータセットの中から「mnist.mnist_training」の項目にマウスを移動させ，右端にあるリンクアイコン（🔗）をクリックします[3]。設定されると左サイドバーの「Training」の下に「Num data　60000」と表示され60000枚のデータセットが登録されたことがわかります。また実際に登録された数字の画像データや正解ラベル（手書き数字が「0」〜「9」のどの数字なのか）が表示されます。

*3
　ブラウザのウインドウ幅がせまいとリンクアイコンが隠れて見えないことがあります。その場合はウインドウ幅をディスプレイに合わせて広げてみてください。

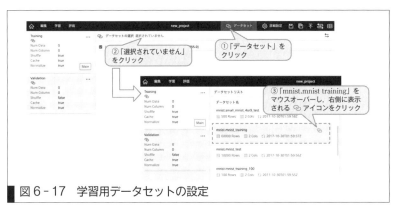

図6-17　学習用データセットの設定

④ 同様に左サイドバー下の「Validation」をクリックして，データも設定します。

⑤ データセットの選択の「選択されていません」をクリックして登録されているデータを表示します。

⑥ 「mnist.mnist_test」の欄にマウスを移動し，右端にあるリンクアイコン（🔗）をクリックします。

図6-18　評価用データセットの設定

⑦ 左サイドバー下の「Validation」に「mnist.mnist_test」が設定され，「Num data　10000」となっていることを確認します。

⑧ 2つのデータが設定できたらトップメニュー左の「編集」をクリックし，プログラムの作成に進みます。

6-3-3 ネットワーク編集画面の構成

編集画面ではレイヤーと呼ばれるプログラムユニットを連結してプログラムを作ります。簡単な画面の構成を図6-19に示します。

1. ネットワークを構成するレイヤーを選択します。「検索」欄にレイヤー名の数文字を入力すると該当するレイヤーが下に表示されるのでダブルクリックかドラッグ＆ドロップで図6-19中の②ネットワーク構造の画面に入力できます。

2. 選択したレイヤーを並べて連結し，プログラム（ネットワーク構造）を構築します。

3. 各レイヤーの設定パラメータのうち，レイヤーの入力データのサイズなどに関するパラメータは自動的に設定されます。処理内容や出力データに関するパラメータは設定したいレイヤーをクリックすると左サイドバー下に表示される「レイヤープロパティ」で設定します。

4. 構築したプログラム（ネットワーク構造）を実行する環境について選択し，「実行」します。

5. ネットワークのオーバービューとネットワークの統計情報が表示されます。

図6-19　ネットワーク編集画面の構成

6-3-4 シンプルなモデルでの「0」～「9」の手書き数字の識別

シンプルな「Affine（アフィン）」というレイヤーを使ったネットワークを構築します。まず図6-20に示すように

① 「Input」レイヤーは 検索窓のすぐ下の Basic にありますのでダブルクリックすると編集画面に表示されます。（シングルクリックでは「Input」レイヤーの詳細な説明が表示されます。編集画面をクリックすると消えます。）

② 「Affine」レイヤーを検索してみましょう。「検索」欄に「af」だけ

入力してみてください。Basic に「Affine」が表示されます。

③　「Affine」をダブルクリックして編集画面に表示します。

　　「Input」レイヤーと「Affine」レイヤーが隙間なく下に表示された場合，2つのレイヤーは自動的に連結されています。試しに「Affine」レイヤーをドラッグして下に動かしてみましょう。レイヤー間が黒い実線で結ばれています。

④　2つのレイヤーの間に隙間が空いている場合は「Input」レイヤーの下辺中央にある黒点から「Affine」レイヤーの中央までマウスでドラッグして結合してください。

⑤　同様に「検索」欄に「sof」と入力すると「Softmax」が表示されるのでダブルクリックして編集画面に入力します。

⑥　最後に，上と同様に「Cat」で検索して「CategoricalCrossEntropy」を配置し，図6-20の右図のように並べます。

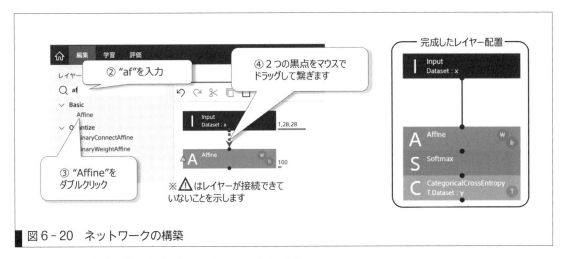

図6-20　ネットワークの構築

⑦　編集画面の「Affine」レイヤーをクリックします。

⑧　左サイドバー下の「レイヤープロパティ」で「Affine」の「Out－Shape」を「10」に設定します。

　　これは10個の数値を「0」である確率，「1」である確率，というように「0」~「9」の各数字である確率として最終出力するためです（図6-21）。

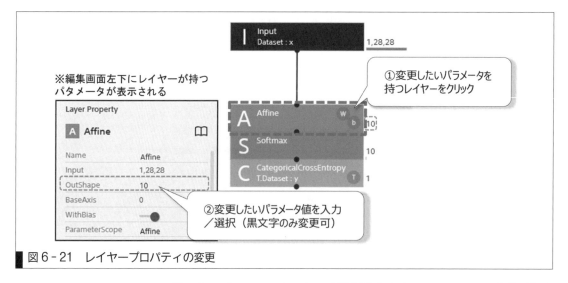

※編集画面左下にレイヤーが持つ
パラメータが表示される

①変更したいパラメータを
持つレイヤーをクリック

②変更したいパラメータ値を入力
／選択（黒文字のみ変更可）

図6-21　レイヤープロパティの変更

⑨　トップメニュー右にある「詳細設定」をクリックして，学習反復世代数を「10」に変更します（図6-22）。

⑨「学習反復世代数」を「10」に変更

図6-22　学習反復世代数の変更

⑩　編集画面に戻り，右サイドバー上の「実行」ボタンをクリックし，モデルを構築します。（自動的に編集画面から学習画面に変わります）

⑪　学習が終了すると右サイドバー上に「実行」ボタンが表示されるのでクリックして「評価」を実行します。（自動的に学習画面から評価画面に変わります）

⑫　評価の実行が終了したら「6-2-5　サンプルプログラムの評価結果の確認」と同様に各画像の識別結果を確認し，混同行列を表示して識別精度を確認してみましょう。

6-3-5　各レイヤーでのデータ処理の概要1

各レイヤーで実施されているデータの処理の概要について説明します。

Input

「データセット」で設定されたデータを読み込み，続くレイヤーにデータを入力します。シンプルですが，学習データの読み込み入力に欠かせない必須のレイヤーです。

Affine（図6-23）

「Affine」レイヤーでは入力されたすべてのデータに係数をかけて和をとり，1つの数値データを作ります。さらに異なる係数をかけて和を取り2つ目のデータを作ります。これを繰り返してOut Shapeで設定した任意の数の出力結果を得ます。手書き数字の識別では正解の数字に対応するOutputが他よりも大きくなるように係数を調整することで，手書き数字を識別します。

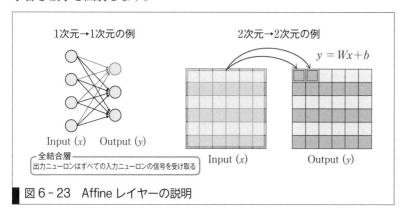

図6-23　Affineレイヤーの説明

Softmax（図6-24）

　「Softmax」レイヤーでは入力データをSoftmax関数で変換することでそれぞれの値が0〜1の範囲をとり，総和が1になるような数値に変換します。分類問題の最後に使用することで，「入力データがそのカテゴリーである確率」として評価結果を提供できます。

　一般に，このような単純な1次関数では表すことができない変換を非線形変換と呼び，ニューラルネットワークではこのような非線形変換を入れることで無用な情報は切り捨て，有用な情報のみを抽出できます。このような機能を持つ関数を活性化関数（Activation function）と呼び，ディープラーニングの精度を向上するのに役立っています。

　代表的な活性化関数としてはSoftmax関数のほかにステップ関数やシグモイド関数，ReLU，Tanh関数などがあり，用途に合わせて多くの関数が提案されています。

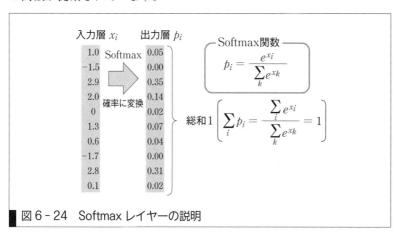

図6-24　Softmaxレイヤーの説明

CategoricalCrossEntropy（図6-25）

　「CategoricalCrossEntropy」レイヤーは分類問題での予測結果と正解との誤差を出力するレイヤーで，ネットワークおよび現状の係数による分類精度を示します。この誤差をもとに，より高い精度が得られるように各レイヤーの係数を更新します。「学習」ではこの係数を更新し，分類精度の高いネットワークを構築します。このような誤差を計算する関数を損失関数（Loss function）と呼び，損失関数によってネットワークの精度も影響を受けます。CategoricalCrossEntropy では損失関数として，得られた正解のクラスの予測確率の対数（$y = -\log(x)$）を用います。

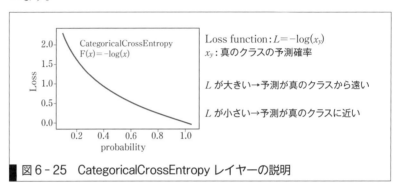

■ 図6-25　CategoricalCrossEntropy レイヤーの説明

　ネットワークの最後の活性化関数と損失関数は目的によってよく使われるネットワークがあります（図6-26）。2値分類は6-2節で実施した手書きの数字「4」と「9」を分類するような問題で，多値分類は「0」～「9」の手書き数字を分類・識別するような問題です。回帰問題は13章で説明しますが，気温や株価など連続的な数値を予測する問題で，最後の活性化関数は通常使用せず，損失関数は正解の数値と予測値との差の2乗和や2乗和平方根を用いることが多いようです。

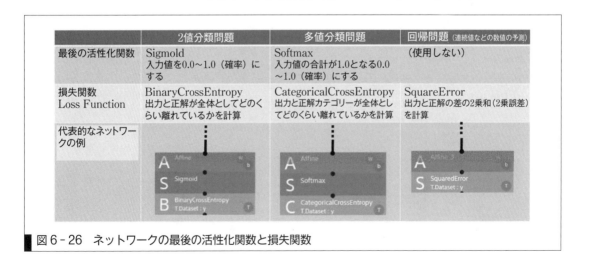

	2値分類問題	多値分類問題	回帰問題（連続値などの数値の予測）
最後の活性化関数	Sigmold 入力値を0.0～1.0（確率）にする	Softmax 入力値の合計が1.0となる0.0～1.0（確率）にする	（使用しない）
損失関数 Loss Function	BinaryCrossEntropy 出力と正解が全体としてどのくらい離れているかを計算	CategoricalCrossEntropy 出力と正解カテゴリーが全体としてどのくらい離れているかを計算	SquareError 出力と正解の差の2乗和（2乗誤差）を計算
代表的なネットワークの例			

■ 図6-26　ネットワークの最後の活性化関数と損失関数

6-3-6 CNN を使った「0」～「9」の手書き数字の識別

Convolutional Neural Network（CNN）は画像の識別に利用されることの多いネットワークの1つです。ここでは6-3-4項で構築したモデルにレイヤーを追加してシンプルなCNNを構築してみます（図6-27）。

① 編集画面で「Affine-Softmax-CategoricalCrossEntropy」の3つのレイヤーを囲むようにマウスをドラッグして選択したら，3つのレイヤーをドラッグして「Input」レイヤーとの間をあけます。

② 「Input」と「Affine」を連結している結合線をクリックし，編集画面右上にある「アクション」のプルダウンメニューから「削除」を選択します。

③ 「Convolution」「Maxpooling」「ReLU」「Affine」「ReLU」のレイヤーを順に配置し，「Input」と「Affine」の間に配置します。（図6-27）

④ 「Input」と「Convolution」および「ReRU」と「Affine」の間を連結します。

⑤ 各レイヤーのパラメータは変更の必要はありません。図6-27の右図のようにネットワークが形成できたら「実行」ボタンを押して学習を開始しましょう。

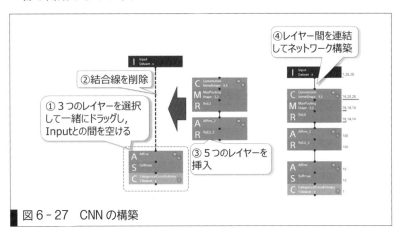

図6-27　CNN の構築

⑥ 「学習」が終了したら「評価」を実行し，「Affine-Softmax-CategoricalCrossEntropy」だけのネットワークによる「評価」（6-3-4⑪）の結果と比較してみましょう。過去の結果は「評価」の画面の左サイドバーに表示されますので，クリックして過去の結果を閲覧することが可能です。

6-3-7 各レイヤーでのデータ処理の概要2

Convolution（図6-28）

Convolution レイヤーでは入力データを一定サイズ（カーネル）ごと

に係数を乗じて総和を求める線形変換を行います。したがって，画像の局所的な特徴を抽出することができます。そのため画像の分類問題に適用されることで高い精度を実現できるレイヤーです。

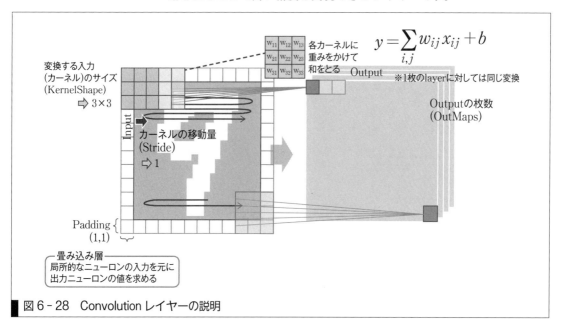

図 6 - 28 Convolution レイヤーの説明

MaxPooling（図 6 - 29）

入力データに対して，カーネルのサイズ（KernelShape）と移動量（Stride）をうまく選ぶことで画像サイズを圧縮します。Convolution レイヤーで抽出された特徴を MaxPooling でさらに圧縮することで密度の高いデータを取得し，高い精度で画像分類を実施することができます。

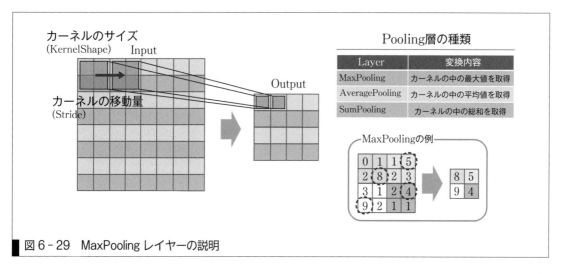

図 6 - 29 MaxPooling レイヤーの説明

ReLU（図 6 - 30）

Rectified Linear Unit（ReLU）は図 6 - 30 に示すように，入力デー
タが 0 以下のときには 0，0 よりも大きいときには入力データと同じ値
を返す活性化関数で「れるー」と発音します。高速道路に入るための傾
斜路の形に似ていることからランプ関数（Ramp function）と呼ばれる
こともあり，ディープラーニングでよく使われる活性化関数の 1 つです。

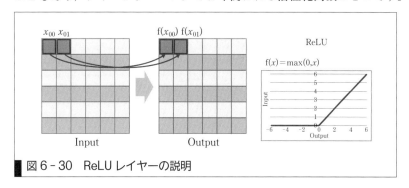

図 6 - 30　ReLU レイヤーの説明

6 4 ネットワークの試行錯誤

6-4-1 CNN ネットワークの最適化

　6-3節ではシンプルなCNNのネットワークを構築しました。この CNN の ネ ッ ト ワ ー ク で は「Convolution‐Maxpooling‐ReLU（CMR）」の一連の層や「Affine‐ReLU（AR）」の一連の層をそれぞれ複数重ねてネットワークを形成する層を深くすることができます。層を深くできることがディープラーニングの名前の由来ですが，ここではこの一連の2種類の層の深さや変更できるパラメータを検討することで精度の向上を目指します。

　変更できる種々のパラメータを図6-31に示します。いくつかのパラメータに対象を限定して計画的にCNNのネットワークをカスタマイズし，注目するパラメータと精度の関係について検討してみましょう[4]。

*4　WebにLink

　ネットワークの試行錯誤の議論内容をまとめるワークシートをダウンロードできます。第6章ワークシート「ネットワークの試行錯誤」

□　変更できる5種類のパラメータ

層数
1. Convolution層（CMRのセット）の数
2. Affine‐ReLU層（ARのセット）の数

各Convolutionのパラメータ
3. OutMaps　　　　初期値：16
4. KernelShape　　初期値：(3,3)

各Affineのサイズ
5. OutShape　　　　初期値：100

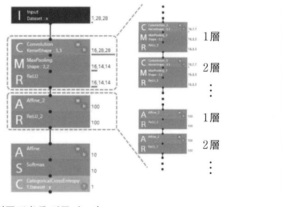

図6-31　CNNネットワークのカスタマイズに利用できるパラメータ

注意事項
- 層数を変更する場合はConvolution層を重ねたあとにAR層を重ねます。
- 利用するデータセットは

　「Training：mnist.mnist_training（データ数：60000）」

　「Validation: mnist.mnist_test（データ数：10000）」
- 学習反復世代数：10
- 今回の精度比較の対象は混同行列の上に表示される「Accuracy」を比較の対象とします。

6-4-2 精度の比較

　変更したパラメータセットにもよりますが，以下のような疑問に答えるつもりで精度を検証してみましょう。

① 　CMRの層数に着目したとき，層数を増やせば増やすほど精度は高

くなりますか？

② ARの層数に着目したとき，総数を増やせば増やすほど精度は高くなりますか？

③ OutMapsやKernelShape，OutShapeの値を初期値から増加・減少したとき。精度はどのように変化しますか？

┌───┐
│ あなたがここで学んだこと

この章であなたが到達したのは
　□従来型の機械学習とディープラーニングの違いを説明できる。
　□シンプルなディープラーニングのプログラムのフローを説明できる。
　□ニューラルネットワークコンソールを使って画像を識別するシンプルなプログラムを構築できる。

　ディープラーニングは，近年，毎日のように新しい魅力的な技術が開発され，応用も進んでいます。この章で実施したCNNのネットワークは非常にシンプルでしたが，NNCでは最近の新しいアルゴリズムも組むことができるようになっています。また，NNCで学習したアルゴリズムの理解はそのままPythonなどの他のプログラム言語によるプログラミングにも応用できます。ディープラーニングに関する解説書や動画，ブログなどは豊富にありますので，気になるデータサイエンスのテーマやアルゴリズム，分析などについて調べて，同様の実験を実施したり，実際にオープンデータなどを利用して分析をしてみるのも面白いと思います。ぜひトライしてみてください。
└───┘

第 **3** 部

オープンデータ・
オープンサイエンス

オープンデータとは

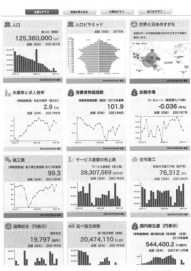

政府が提供するオープンデータの例：統計ダッシュボード（https://dashboard.e-stat.go.jp/）より

世界的な潮流や東日本大震災をきっかけとして，政府や自治体が持つさまざまなデータがオープンデータとして提供される動きが広まってきました。左の図は，国勢調査を始めとして，政府が取っている統計情報をオープンデータとして提供しているサイト（e-Stat）が出しているデータの一部を示したものです。また，その他の分野でも，オープンデータを作成し公開しようとする動きが高まっています。いまやオープンデータはデータ分析のための基礎データとして欠かせないものとなってきています。

　オープンデータは不特定多数が利用することを前提としています。そのため，不特定多数にとって利用しやすい形式であることと，著作権との関係を明確にすることで，利用後に訴えられたり非難をあびたりする心配をすることなく利用できることも重要になってきます。

●この章で学ぶことの概要

　オープンデータとは何かということを，機械可読，著作権とライセンスなどの関連知識とともに学びます。

●この章の到達目標

1. オープンデータとは何かを理解する
2. 機械可読の概念を理解する
3. 著作権とライセンスの関係，およびライセンスの必要性を説明できる

7 1 オープンデータとは何か

7-1-1 オープンデータの定義

オープンデータとは何かを示すには，まず，データが「オープン」とはどういう意味なのかを考える必要があるでしょう。Open Knowledge Foundation が主導するプロジェクト Open Definition では，「オープン」について

「あらゆる人が自由に閲覧し，利用し，修正し，そして共有できることを知識がオープンであるとする。その際にかけられる制限は，出自情報やオープンさの保持を考慮する程度に留められる。」

*1
Open Definition によるオープンの定義：
https://opendefinition.org/od/2.1/ja/
（2021年11月3日閲覧）

としています[*1]。つまり，**オープンデータ (Open Data)** とは，そのデータにつけられた多少の制限を守りさえすれば，誰でもどんな目的にでも使えるデータということです。たとえば，誰でもさまざまなオープンデータを組み合わせて利用するスマートフォンアプリを作って売ることができます。オープンデータに自分が持っているデータを追加して公開することもできます。ちなみに，データにつけられた「制限」は**ライセンス (License)** と呼ばれますが，ライセンスについては7-2節で詳しく解説します。

より厳密なオープンデータの定義はいくつかあります。たとえば，総務省はオープンデータを「営利目的，非営利目的を問わず2次利用可能なルールが適用されたもの，機械判読に適したもの，無償で利用できるもの」とし，前述の Open Definition は「オープンなライセンスで，無償でデータ全体にアクセス可能で，機械可読，かつ，1つ以上のオープンなソフトウェアによって利用可能な形式で頒布されるデータ」と定義しています。これら「オープンデータ」の定義に共通する主要な性質は以下の3点となります。

① 誰でもどんな目的にも自由に利用可能なライセンスで，

② 誰でもアクセス可能で，

③ 誰でも計算機で利用可能な形式で提供される。

ここで，上記3点の主要な性質のうち，7-2節で解説する①を除いて，②と③についてより詳しく解説していきます。

誰でもアクセス可能とは？

　データにアクセス可能であるとは，標準化された通信手法，通常はインターネット経由でデータ全体を入手できることをいいます。つまり，誰でもアクセス可能ということは，インターネットなどを通じて，原則として無償でデータ全体を入手できることを指します。何らかの理由（たとえばデータが大きすぎるなど）で，インターネット経由でのデータ頒布が適さない場合でも，オープンデータの作成者が利用者に請求できるのはデータの複製および受け渡しに必要な実費のみです。たとえば，DVDにデータを入れて郵送する場合であれば，DVD代と送料のみをデータ利用者に請求することはできるでしょう。一方，高額な手数料を請求することは無償提供の原則に反することになります。

誰でも計算機で利用可能な形式とは？

　ここでは，データが計算機でより利用しやすい状況とはどういうことか考えてみましょう。たとえば，表7-1が画像で提供された場合，売上の合計や平均値を正確に計算するためには，すべての値を人が目で見て手で計算機に入力するか，画像から文字を取り出すソフトウェアを利用して値を画像から取り出し，さらにそのソフトウェアが取り出した値が合っているか人が確認する必要があります。つまり，画像で提供された表は，計算機で利用するためには人手やコストがかかる形式であるということができるでしょう。一方，この表が表計算ソフトウェアで作ったファイルで提供されていれば，その表計算ソフトウェアを利用してデータを読み込み，簡単にデータに含まれる数値の計算ができます。データを取得したあと，計算機で利用するまでに，人手はほとんどかかりません。このように，人手をほとんど介することなく，計算機で容易に利用可能なデータを機械可読（Machine readable）な，あるいは機械判別可能なデータであるといいます。

表7-1　ある会社の支店の売上データ

支店名	売上高（単位：千円）
東京支店	185294
大阪支店	121882
福岡支店	80254

　オープンデータは不特定多数に広く利用されることが想定されています。そのため，公開時にはできるだけ人手を介さずに，計算機で利用可能なデータであることが重要です。図7-1は公開時にデータを機械可読にしなかった場合とした場合の比較です。利用するために人手が必要なデータをそのまま公開すると，データ利用者それぞれが機械可読な形にするためにデータに手を入れる必要があります。利用者が増えれば増

えるほど，データを機械可読にする手間の総量が増えていくことになります。一方，データ作成者がデータを機械可読にし，利用しやすい形で公開すれば，手間はデータ作成者がかけた分だけですみ，利用者が増えても手間はほとんど増えないことになります。これは，不特定多数に利用されることを想定されているオープンデータにおいては，重要な事項といえます。

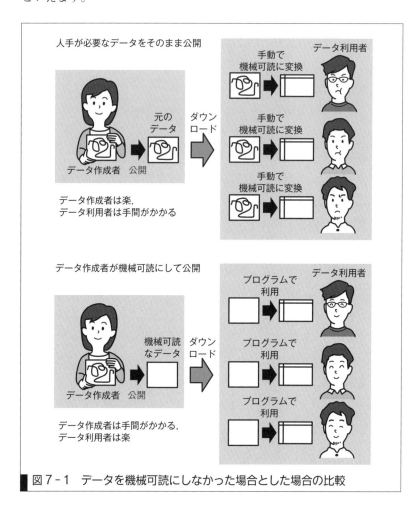

人手が必要なデータをそのまま公開

手動で
機械可読に変換 　データ利用者

元の
データ 　ダウン
ロード

手動で
機械可読に変換

データ作成者 公開

手動で
機械可読に変換

データ作成者は楽，
データ利用者は手間がかかる

データ作成者が機械可読にして公開

プログラムで
利用 　データ利用者

機械可読
なデータ 　ダウン
ロード

プログラムで
利用

データ作成者 公開

プログラムで
利用

データ作成者は手間がかかる，
データ利用者は楽

▌図7-1　データを機械可読にしなかった場合とした場合の比較

　では，データは機械可読でありさえすれば「誰でも計算機で利用可能な形式」であるといえるでしょうか。たとえば，人手を介することなく，データをあるソフトウェアで読み込むことができるとしても，そのソフトウェアが高価であるなどの理由で入手する人がかぎられるならば，誰でも計算機で利用可能とはいえませんね。そこで，特定のソフトウェアのみで利用可能なデータ形式を避け，オープンなソフトウェアを含むさまざまなソフトウェアで利用可能である標準的な形式で公開することで，利用者は好みのソフトウェアを通してデータを扱うことができます。たとえば，表形式のデータの場合，特定の表計算ソフトウェアの出力形式よりも，さまざまなソフトウェアで読み込める，**コンマ区切り形式**

(CSV, Comma Separated Value) やタブ区切り形式 (TSV, Tab Separated Value) のほうが望ましいということになります*2。

7-1-2 オープンデータを成すさまざまな背景

　近年，政府や自治体が提供するオープンデータが急速に増大し，それを利用し解析や可視化をしたWebサイトも増えてきています。とくに，国内では2020年から流行している新型コロナウイルス感染症 (COVID-19) については，政府も各自治体もデータをオープンかつリアルタイムで提供しており，それらのデータを使った第三者による情報発信サイトも数多く見られます。そのため，オープンデータは政府や自治体，公共団体が提供するものと思っている読者もいるかもしれません。しかし，実際は，オープンデータはオープン化へ向けたさまざまな取り組みの結果としてできたものであり，政府や自治体が提供するオープンデータはその中の1つということができます。

　政府，自治体，公共団体が出しているデータがオープンデータとして提供されるようになった背景には，**オープンガバメント** (Open Government) と呼ばれる世界的な潮流と強い関係があります。一方，Wikipediaに代表される，不特定多数が協力し，知識を合わせることで形成されるオープンデータもあります。これらのデータは，多数の人間が知識を持ち寄り，結果としてより高度な知識が構成される，**集合知** (Collective Intelligence) によるオープンデータということができるでしょう。また，生命科学分野を始めとする，さまざまな科学の分野で，データを共有し科学を進めていこうという世界的な動きは，**オープンサイエンス** (Open Science) と呼ばれています。

　このように，ひとくちにオープンデータといっても，さまざまな背景のもとで，さまざまな種類のデータがオープンにする取り組みが行われ，結果として，現在のように，自由に利用可能なオープンデータが多く生み出されてきました。オープンデータをなす背景のうち，オープンガバメント，集合知，オープンサイエンスの3つについては第8章で詳しく説明します。

*2
Let's TRY!!
　表形式ソフトウェアを使って表1の表を作成し，CSV形式やTSV形式で保存してみよう。そして，保存したファイルをメモ帳などのテキストエディタで開いてみよう。

オープンデータの３つの主要な性質の１つは「誰でもどんな目的にも自由に利用可能なライセンス」であることを 7-1 節で述べました。そして，ライセンスはデータにつけられた制限であることも述べました。では，ライセンスは何のために必要なのでしょうか。そして「誰でもどんな目的にも自由に利用可能なライセンス」とはどのようなものでしょうか？　それを知るために，まず，**著作権**（**Copyright**）について簡単に述べておきます。日本では，著作権は著作権法という法律によって規定されています。

7-2-1 データは著作物か？

著作権法でデータに関する著作権がどのように記述されているかを知るために，まず，著作権の対象となる著作物について，その定義を見てみましょう。

> 著作権法 第二条 第一項
> 著作物 思想又は感情を創作的に表現したものであつて，文芸，学術，美術又は音楽の範囲に属するものをいう。

つまり，単なる事実を集めただけで，「思想や感情を創作的に表現」していないデータは，著作物にはなりません。一方，何らかの創作性がデータにあれば，それは著作物となる可能性があります。もしくは，もともと著作物ではないデータを素材としても，一部を選択するなどの編集を加え，その編集に作者の創作性が反映されていれば，著作物になる可能性があります。ここで，著作物と認められたデータと認められなかったデータの事例をそれぞれ紹介します。

*3
この判例については以下のページを参照：
https://www.courts.go.jp/app/hanrei_jp/detail7?id=13286
（2021 年 11 月 3 日閲覧）

著作物と認められた例：タウンページ（東京地裁平成 12 年 3 月 17 日*3）
タウンページとは，東日本電信電話および西日本電信電話が発行する職業別の電話帳です。判決では，「職業分類体系によって電話番号情報を職業別に分類したタウンページは，素材の配列によって創作性を有する編集著作物であるということができる。」とあり，著作物であることが認められています。電話番号の集積のみでは単なる事実を集めただけであり，そこに創作性はありませんが，職業分類の体系に創作性が認められたため，著作物として認められた例となります。

著作物と認められなかった例：自動車部品の生産流通調査（名古屋地裁

平成12年10月18日[4])

　自動車部品に関する生産流通状況についての調査結果のデータが著作物であるかどうかが争われました。判決では「本件データは，自動車部品メーカー及びカーエレクトロニクス部品メーカー等の会社名，納入先の自動車メーカー別の自動車部品の調達量及び納入量，シェア割合等の調達状況や相互関係のデータをまとめたものであって，そこに記載された各データは，客観的な事実ないし事象そのものであり，思想又は感情が表現されたものではないことはあきらかである。」とされ，著作物ではないという結論になりました。

　このように，データには著作物であるものとないものがあり，しかも，その境目は法律で規定されているものの，それを判定することは簡単ではありません。さらに，データの検索を前提にデータを整理し蓄積したシステムであるデータベースが加わると，状況はより複雑になります。データベースに対しては，以下の条文によって著作物が定義されています。

　　著作権法 第十二条の二 第一項
　　データベースでその情報の選択または体系的な構成によって創作性を有するものは，著作物として保護する。
　　第二項
　　前項の規定は，同項のデータベースの部分を構成する著作物の著作者の権利に影響をおよぼさない。

　したがって，データを利用する場合には，著作物でないことがあきらかな場合を除いて，データを著作物として扱うほうが無難であるといえるでしょう。データが著作物である場合，データの作者は著作権者としてさまざまな権利を占有することができます。そのため，著作物であるデータを利用する際には，原則として著作権者に利用の許諾を取り，利用条件をあきらかにする必要があります。

７-２-２ データのライセンス

　データを利用する際には著作権者に利用許諾を取る必要がありますが，広く不特定多数が使うことを前提としたデータの場合は，非常に多くの人が著作権者に問い合わせをすることになります。これはデータの著作権者にとって，手間のかかる煩雑な事態になりかねません。一方，利用者にとっても，いくつものデータを組み合わせて利用したい場合，それぞれのデータの著作権者をさがしだし，その１人１人に連絡を取って

*4
　この判例については以下のページを参照：
https://www.courts.go.jp/
app/hanrei_jp/detail7?id
=12907
(2021年11月3日閲覧)

許諾を取る必要があります。ここで，著作権者がデータの公開時にデータの利用条件を文書の形であきらかにすれば，これらの手間を減らすことができます。データの利用条件をデータのダウンロードページなどに載せることで，著作権者が世界の不特定多数の利用者に対して，このデータはこの利用条件を守れば，利用許諾を取らずに利用してもよいですよ，という意志をあらかじめ表しておくわけです。

　データの利用者が守るべき条件を文書化したものを<u>ライセンス</u>といいます。著作権者がライセンスをデータの公開時にあきらかにすることにより，データの利用者はライセンスの許す範囲内であればデータの利用許諾を著作権者から取る必要がなくなります。また，著作権者は利用者からの大量の利用許諾に関する連絡に対応する必要もなくなります。つまり，データにライセンスをつければ，データの著作権者と利用者の手間を省くことになり，双方にとって利益となるのです。

　さて，ここで，前節でオープンデータの主要な要件の1つが「誰でもどんな目的にも自由に利用可能なライセンス」であることをすでに述べました。何をもって「誰でもどんな目的にも自由に利用可能」といえるのか，議論の余地がありますが，ここでは，オープンデータに利用するライセンスとして一般に認められているライセンスの紹介をすることで，「誰でもどんな目的にも自由に利用可能なライセンス」を考えていきたいと思います。

クリエイティブ・コモンズ・ライセンス

　<u>クリエイティブ・コモンズ・ライセンス</u>(**Creative Commons License, CCライセンス**)は，現時点で，オープンデータにおいて最も利用されているライセンスです[*5]。もとは著作権が発生する作品の共有を促進するためのライセンスで，オープンデータ用に作られたライセンスではありません。しかし，オープンデータへの利用に適するライセンスが含まれることと，法律に詳しくない一般の利用者にも簡単に理解できるシンプルな形であることから，オープンデータでしばしば利用されています。CCライセンスは，条件4種類を組み合わせた6種類のライセンスから構成されています。

　まず，条件4種類，「<u>表示</u>」，「<u>非営利</u>」，「<u>改変禁止</u>」，「<u>継承</u>」をそれぞれ見てみましょう。「表示」は著作権者の氏名や作品タイトルなど，著作権者が指定した項目(これらの項目はクレジットと呼ばれます)を表示することを利用者に求める条件とします。「非営利」は営利目的の利用をしないことを条件とします。「改変禁止」はもとの作品を改変しないこと，「継承」はもとの作品と同じ組み合わせのCCライセンスで公開することを条件とします。これらの条件を組み合わせてできる6

*5
　クリエイティブ・コモンズ・ライセンスの日本語ページ：
https://creativecommons.jp/licenses/

種類のライセンスを表7-2に示しました。

表7-2　CCライセンスの種類

ライセンス	条件
CC-表示	原作者のクレジットを表示することをおもな条件とし，改変はもちろん，営利目的での2次利用も許可される最も自由度の高いCCライセンス。
CC-表示-継承	原作者のクレジットを表示し，改変した場合にはこのライセンスで公開することをおもな条件に，営利目的での2次利用も許可されるCCライセンス。
CC-表示-改変禁止	原作者のクレジットを表示し，かつもとの作品を改変しないことをおもな条件に，営利目的での利用（転載，コピー，共有）が行えるCCライセンス。
CC-表示-非営利	原作者のクレジットを表示し，かつ非営利目的であることをおもな条件に，改変したり再配布したりすることができるCCライセンス。
CC-表示-非営利-継承	原作者のクレジットを表示し，かつ非営利目的であり，また改変した場合にはこのライセンスで公開することをおもな条件に，改変や再配布ができるCCライセンス。
CC-表示-非営利-改変禁止	原作者のクレジットを表示し，かつ非営利目的であり，そしてもとの作品を改変しないことをおもな条件に，作品を自由に再配布できるCCライセンス。

　ここで，7-1節のオープンデータに立ち戻ってみましょう。オープンデータの主要な性質の1つは，「誰でもどんな目的にも自由に利用可能なライセンス」であることでした。では，この6種類のCCライセンスのうち，「誰でもどんな目的にも自由に利用可能なライセンス」はどれにあたるでしょうか。まず，条件に「非営利」が含まれるライセンスが除かれることは容易に理解できると思います。条件に「非営利」が含まれていれば，営利目的でそのデータを利用することはできないため，「どんな目的にも」からはあきらかにはずれます。では，残りの「表示」「継承」「改変禁止」についてはどうでしょう。「表示」「継承」については，データを誰がどんな目的でどのように利用しようとも，条件に抵触することはありません。一方，「改変禁止」は利用の幅を大きく狭めてしまいます。そのため，「改変禁止」を含むライセンスは，「自由に利用可能」とはいいがたい条件です。そのため，6つのCCライセンスのうち，オープンデータに利用されるライセンスは，「CC-表示」と「CC-表示-継承」の2つということになります。

　これに加え，厳密にはCCライセンスではありませんが，著作権の縛りを受けない作品を表すものとして，「CC0」という表示があります。

著作権の縛りを受けない状態のデータや作品を**パブリックドメイン**
(Public domain) と呼びます。著作権がないことがあきらかなデータ
や著作権が切れたデータ，さらに著作権を放棄したデータなどがパブリ
ックドメインに当たります。これらのデータについても，「誰でもどん
な目的にも自由に利用可能」であることから，CC ライセンスを利用す
る場合は，「CC0」「CC‐表示」「CC‐表示‐継承」がオープンデータ
のライセンスとして利用されます。事実，第8章で述べるように，日
本の政府や自治体が提供するオープンデータはほとんどが「CC‐表示」
ライセンスがつけられています。

Webで力だめし

実教出版 Web サイト (https://www.jikkyo.co.jp/) の本書の紹介ペ
ージから，Web テストページへリンクがあります。学習の確認などに
ご活用ください*6。

*6
第 7 章 Web（確認）テスト

あなたがここで学んだこと

この章であなたが到達したのは
- □オープンデータとは何かを理解する
- □機械可読の概念を理解する
- □著作権とライセンスの関係，およびライセンスの必要性を説明
　できる

　この章では，オープンデータとは何かということを学びました。
また，オープンデータをより深く理解するために必要な概念，機械
可読，著作権，ライセンスについて学びました。第8章では，オ
ープンデータの成り立ちとそれにともない作成された具体的なオー
プンデータを紹介します。

3 —部— 8 —章

オープンデータの
成り立ち

オ オープンデータという言葉は古いものではなく，その概念が定まってきたのはここ数十年のことです。しかし，オープンデータのルーツはひととおりではなく，それぞれ独立に異なる背景から生まれており，なかにはインターネットが一般に普及する以前からのルーツを持つものもあります。この章では，オープンデータの成り立ちを振り返り，いくつもあるルーツの中でも，オープンガバメントと呼ばれる政府や自治体のデータの公開に関する流れと，集合知と呼ばれる多くの人の知識を活用する流れ，さらに科学の発展にともなうオープンサイエンスの流れから成る，3つの成り立ちについて解説します。

オープン
データ

●**この章で学ぶことの概要**

オープンデータと関係の深い，オープンガバメント，集合知，オープンサイエンスについて，具体的なオープンデータとともに学びます。

●**この章の到達目標**

1. オープンガバメントとオープンデータの関係を説明できる
2. 集合知によるオープンデータについて理解する
3. オープンサイエンスとオープンデータの関係を説明できる

（ア）オープンガバメントについて次のことを調べておこう。

　（ア-1）オープンガバメント3原則

　（ア-2）政府機関や自治体が提供しているオープンデータ

（イ）集合知という言葉について調べておこう。

（ウ）オープンサイエンスについて次のことを調べておこう。

　（ウ-1）オープンアクセス

　（ウ-2）再現性

8 1 オープンガバメントとオープンデータ

8-1-1 オープンガバメントとは

　オープンガバメントとは，政府が持つ情報を市民と共有することで，行政への市民参加をうながそうとする取り組みのことです。現在のオープンガバメントの潮流は，2009年1月，アメリカ大統領に就任直後のオバマ大統領が発表した「透明性とオープンガバメント（Transparency & Open Government)」という覚書に始まるといってよいと思います。この覚書には，以下の3項目が示されています。

1. 透明性（Government should be transparent.）
　政府が持っている情報は国の財産であり，国民が迅速に情報を見つけすぐに利用可能な形で公開すべきである。

2. 国民参加（Government should be participatory.）
　国民に政策立案に参加する機会を増やし，国民が持つ専門知識や情報を政府へ提供してもらうべきである。

3. 協業（Government should be collaborative.）
　国民を政府の仕事に積極的に関与させるため，すべての政府機関は民間の非営利組織，企業，個人と協力すべきである。

　この3項目は**オープンガバメントの3原則**と呼ばれ，その後のオープンガバメントの取り組みに大きな影響を与えることになります。これまでも，民主主義における政府の説明責任や国民参加については，歴史的にさまざまな形で行われてきましたが，それらと決定的に違う点は，オープンガバメントは情報システム技術を基盤として，上記3原則を実現していこうとしている点にあります。

図8-1　現在（2021年7月）のDATA.GOVのトップページ
（https://www.data.gov）

　たとえば，1.の透明性の確保のため，2009年5月，つまり上記覚書の発表からわずか4か月後には，DATA.GOVというサイトが開設されました（図8-1）。このサイトを通じて，アメリカの政府機関は内部に蓄積された膨大なデータをオープンデータとして国民に提供しています。

　日本においてもDATA.GOVが開設された1年後，2010年5月に，内閣高度情報通信ネットワーク社会推進戦略本部が「オープンガバメントの推進」を掲げ，2010年6月には「新たな情報通信技術工程表」の一部として「オープンガバメント工程表」を策定しています（図8-2）。ただし，図を見てわかるように，この時点でのオープンガバメントの推進については，あまり具体的な推進策はなく，2013年までに行政情報をオープンデータとして公開することを目指す，といったものであることがわかります。

図8-2　2010年6月に策定されたオープンガバメントの工程表
（https://www.kantei.go.jp/jp/singi/it2/100622.pdf）

この工程表の発表後，オープンガバメントに向けた実証実験が2010年7月より行われました。しかし，この時点では，残念ながら日本のオープンガバメントへの取り組みはアメリカを始めとする先進国より遅れているといわざるを得ませんでした。

2011年3月，状況が一変する事態が起こりました。東日本大震災です。未曾有の災害に対し，デマを含んださまざまな情報が大量に飛び交う一方で，本当に欲しい正しい情報に行き着くことが難しい場面もありました。このような状況のもと，政府機関に正しい情報を迅速に公開してほしいという機運が国民の間に一気に広まりました。たとえば，福島第一原子力発電所が放射性物質を放出した際，政府は放射性物質が検出された食品を摂取しても「ただちに影響はありません」と発表しました。この発表が楽観論なのか，それとも「ただちには影響なくてもしばらくすると影響が出てくる」という悲観すべきことなのか，正しい情報がなければ判断することができません。また，福島から遠く離れた東京都内でも場所によっては放射線量が比較的高い場所が出ることがあり，たとえば，こどもを持った親は，こどもをどの公園で遊ばせるのが安全なのかを知りたいという要望がありました。このように，国民が自分で判断するために正しい情報を知りたい，という強い機運が東日本大震災をきっかけとして広がりました。また，政府機関側も東日本大震災が広域で被害をもたらしたために，多くの自治体から情報を集めて統合する必要がありました。しかし，各自治体のデータ形式が機械可読でない場合も多く，機械可読であってもフォーマットやデータの作成基準が違うために統合が困難な場合も少なくありませんでした。

2012年7月，内閣高度情報通信ネットワーク社会推進戦略本部は「電子行政オープンデータ戦略」を発表します[1]。東日本大震災の教訓を受けて，以下の基本原則をもって公共データの活用の取り組みを進めるというものです。

1. 政府自ら積極的に公共データを公開すること
2. 機械判読可能な形式で公開すること
3. 営利目的，非営利目的を問わず活用を促進すること
4. 取り組み可能な公共データから速やかに公開などの具体的な取り組みに着手し，成果を確実に蓄積していくこと

さらに，2013年6月，北アイルランドのロック・アーンで開催された第39回G8サミット（図8-3）で，オープンデータ憲章[2]が制定されました。これにより，世界の主要国でのオープンデータ推進が公的に決定しました。その後，今日まで各国で政府が持つデータをオープンデータとして公開する動きが推進されてきました。

*1
「電子行政オープンデータ戦略」
https://www.kantei.go.jp/jp/singi/it2/pdf/120704_siryou2.pdf
（2021年11月3日閲覧）

*2
オープンデータ憲章
https://www.kantei.go.jp/jp/singi/it2/densi/dai4/sankou8.pdf
（2021年11月3日閲覧）

図8-3　G8サミット参加国の首脳（public domain）
（https://commons.wikimedia.org/wiki/File:Ten_leaders_
at_G8_summit_2013.jpg）

　そして，2020年，新型コロナウイルス感染症が世界的に広がると，各国政府機関は感染者数などの状況および政府機関の対応について，オープンデータとして提供しています。日本においても，厚生労働省はもちろん，各自治体も感染状況をできるだけリアルタイムにオープンデータとして公開しており，その結果，政府や自治体だけでなく，国民側からそれらのデータを用いて感染状況をわかりやすく可視化するサイトを作成したり，解析してその結果を共有したりする動きも出てきました。結果的に新型コロナウイルス感染症によって，オープンガバメントによるオープンデータをさらに進めているといえそうです。

8-1-2 オープンガバメントから生まれたオープンデータの事例

　アメリカの政府機関が持つデータをオープンデータとして公開するために，DATA.GOVというサイトを開設したことは8-1-1項で述べました。2021年7月現在，このサイトから31万を超える数のデータセットにアクセスすることができます。アメリカ連邦政府が提供するデータに関しては，パブリックドメインとなっており自由に利用が可能です。日本におけるDATA.GOVに相当するサイトとしては，DATA.GO.JPデータカタログサイト（https://www.data.go.jp/）が近いです。ただ，DATA.GOVがデータそのものに直接アクセスすること主眼としたサイトであることに対し，DATA.GO.JPは文字どおりデータのカタログであり，取得できるのはデータについての説明を行う**メタデータ**（**Metadata**）と呼ばれるデータになります。メタデータについては第11章で詳しく説明します。DATA.GO.JPで提供されるメタデータはパブリックドメインとなっています。

図8-4 e-Statのトップ画面

　日本の法令や公文書はe-Govポータル（https://www.e-gov.go.jp/）から取得することができます。このサイトから取得できるデータのライセンスは「CC-表示」になっています。また，国勢調査を始めとした政府が行っている豊富な統計調査のデータはe-Stat（https://www.e-stat.go.jp/）から取得できます（図8-4）。このサイトからはExcelやCSV形式でデータをダウンロードすることができ，一部のデータは**リンクト・オープン・データ（Linked Open Data）**と呼ばれる形でも取得することができます。e-Statから取得できるデータのライセンスも「CC-表示」です。また，各省庁が持つデータもオープンデータとして利用可能なものが数多くあります。たとえば，気象庁の各種データ・資料ページ（https://www.jma.go.jp/jma/menu/menure-port.html）からは気象庁が持つ各種気象観測データ，地球環境・気候データ，海洋データ，地震・津波・火山データが取得できます。これらのデータを含めた，気象庁のページのコンテンツのライセンスも「CC-表示」です。さらに，自治体にもオープンデータを提供するサイトを持つところが増えてきています。たとえば，東京都は東京都オープンデータカタログサイト（https://portal.data.metro.tokyo.lg.jp/）から，都が持つデータにアクセスすることができます。ライセンスはデータごとに異なる，としていますが，東京都オープンデータ推進庁内ガイドライン（https://portal.data.metro.tokyo.lg.jp/guideline/）によれば「CC-表示」を活用することになっており，事実，かなりのデータが「CC-表示」のライセンスで利用できるようです。

8 2 集合知とオープンデータ

8-2-1 集合知によるデータ生成

「三人寄れば文殊の知恵」ということわざをご存じでしょうか。凡人でも三人が知恵を持ち寄れば，文殊菩薩（知恵を司る仏）のようなレベルの高い知恵を出すことができるということわざです。英語でも「Two heads are better than one.（2つの頭は1つよりよい）」といいます。一方，「船頭多くして船山に上る」ということわざもあります。指示する人が多すぎると，方針や行動がまとまらず，物事があらぬ方向へ進む，という意味のことわざです。つまり，昔から，集団による知恵や知識は，うまく集約され機能すれば大きな力となりますが，悪いほうへ向かってしまえば，かえって害となりかねないということが知られていたということです。

複数の，とくに不特定多数の人々が知恵や知識の片鱗を持ち寄り，うまく集約することによって，よりレベルの高い知恵や知識を構築することができた場合，これらの知恵や知識を集合知といいます。物事があらぬ方向に進まないようにしつつ，知識や知恵を不特定多数から抽出して構築するためには，不特定多数がコミュニケーションを取る何らかの仕組みが必要です。インターネットの出現と普及により，コミュニケーションのコストが下がったことで，そういった仕組みを作りやすくなりました。

集合知として最も早い時期にうまく機能する仕組みを構築したのは，**オープンソースソフトウェア**（Open source software）の分野でしょう。<u>ソース</u>（<u>Source</u>）とはプログラミング言語で書かれたファイルのことで，ソースを改変することは，そのソフトウェアを改変することになります。オープンソースソフトウェアとは，オープンデータと同様に，ソフトウェアとそのソースについて，誰でもどのような目的にも無償で利用や改変を可能するライセンスをつけたソフトウェアです。

オープンソースソフトウェアの概念が生まれる前，無償で利用可能かつソースの改変が可能なソフトウェアとしては，**フリーソフトウェア**（Free software）があげられます。フリーソフトウェアの概念はリチャード・ストールマンによって掲げられ，彼が1985年に創設したフリーソフトウェア財団によって推し進められました。フリーソフトウェアを特徴付ける概念として，**コピーレフト**（**Copyleft**）があります。コピーレフトはフリーソフトウェアが改変や再配布後も永続的にフリーソフトウェアであるべきという考えです。<u>コピーライト</u>（著作権）と対比する命名になっており，そのアイコンも著作権表示のアイコンを左右逆にしたものになっています（図8-5）。フリーソフトウェアの開発体制は，

フリーソフトウェア財団の技術者を中心とした形になっており，不特定多数が加わる形にはなっていませんでした。また，コピーレフトに従えば有償のソフトウェアにフリーソフトウェアを組み込むことは現実的でなく，とくに企業においては開発への参加は非常に限定的でした。

■ 図8-5　コピーレフトのアイコン

　オープンソースソフトウェアは，フリーソフトウェアの概念を緩め，コピーレフトなどの制限を必ずしも求めないことで，企業の技術者も含め，広く不特定多数が開発に参加しやすいライセンスにしたものです[*3]。そして，オープンソースソフトウェアは，多くの人からバグの修正や機能追加が行われるという形で，たくさんの開発者の知恵や知識を集約することができるようになりました。この流れに拍車をかけたのが，オープンソースソフトウェア向け開発プラットフォーム GitHub（https://github.com/）の出現です。GitHub には不特定多数が自発的に協働してソフトウェア開発ができるための仕組みが数多くそろえられています。たとえば，オープンソフトウェアのソースのコピーを GitHub 上に作る fork 機能，fork したソースを編集して改良した場合，改良した差分をもとのソースに追加することをリクエストする PullRequest 機能などがあげられます。これらの機能を使って，他の人のソフトウェアのソースを気軽に手元に置いて改変でき，よい改良ができたらもとのソースに追加をリクエストし，追加されればもとのソフトウェアに貢献することができます。つまり，オープンソフトウェアにおいて，集合知がうまく働くようになったのは，多くの人の知恵や知識を持ち寄るための仕組みとして，誰もが参加しやすいオープンソースソフトウェアのライセンスと，その運用に適した GitHub というプラットフォームがかみ合った結果といえそうです。

　では，データにおける集合知についてはどうでしょう。データにおける不特定多数の知識の集積をうながしたのは，Wiki を始めとする，Web ブラウザから直接データやコンテンツを追加・編集できる仕組みが作られたことが大きいでしょう。とくに Wiki は，1995 年にウォード・カニンガムが開発して以降，複数の人の共同作業のためのシステムとして急速に普及しました。現在は数多くの Wiki ソフトウェアが作ら

れています。Wiki は誰もがどこからでも Web コンテンツに書き込むことが可能なシステムとして設計されたことより，数人単位のチームから不特定多数まで，さまざまなサイズの対象ユーザーの知識の集積に多く使われています。

　Wiki を使った最も有名なサイトとしてはウィキペディア（日本語版：https://ja.wikipedia.org/wiki/）があげられるでしょう。ウィキペディアは MediaWiki（https://www.mediawiki.org/wiki/MediaWiki/ja）という Wiki システム上で運用されているオンライン百科事典です。誰でも執筆や編集が可能であり，記事は自発的に執筆する不特定多数によって書かれています。記事のテキストのライセンスは「CC‐表示‐継承」となっています。不特定多数が執筆することから情報の信頼性については保証されていませんが，2005 年 12 月に Nature 誌に発表された調査によれば[*4]，ウィキペディアの記事の精度は，専門家によって書かれたブリタニカ百科事典の精度と大きな差はなかったと報告されています。また，不特定多数によって常に編集されていることから，これまでの百科事典で問題となりがちであった，情報の更新が容易であることも集合知による百科事典の利点といえるでしょう。従来の方法で集められた知識と集合知による知識，その利点と欠点を知って使い分けることが重要になってくると思います。

*4
　Giles, J. Internet encyclopaedias go head to head. Nature 438, 900-901 (2005). https://doi.org/10.1038/438900a

8-2-2 集合知から生まれたオープンデータの事例

　前述のウィキペディアは記事をデータと見なせば，集合知から生まれたオープンデータの代表格といえるでしょう。ウィキペディアを運用するウィキメディア財団はウィキペディア以外に MediaWiki をベースとした多くの集合知プロジェクトを運用しており，そのプロジェクトで生みだされたデータやコンテンツのほとんどが「CC‐表示‐継承」のライセンスで利用可能なオープンデータとなっています。たとえば，データベースであるウィキデータ（https://wikidata.org/）や辞書であるウィクショナリー（https://ja.wiktionary.org/）などがあります。いずれも不特定多数の自発的編集によって作られた集合知によるオープンデータです。

　集合知によるオープンデータの中には Wiki によらないものもあります。たとえば，世界地図データ OpenStreetMap（https://www.openstreetmap.org/）は編集者として登録すれば誰でも自由に地図を編集できるツールが用意されており，多数の自発的な編集者によって地図は頻繁に更新されています。OpenStreetMap のデータはオープンデータベースライセンス（ODbL, https://opendatacommons.org/licenses/odbl/）というオープンなライセンスで，地図画像は「CC‐表示‐継承」ライセンスで提供されています。

8 3 オープンサイエンスとオープンデータ

8-3-1 オープンサイエンスと FAIR 原則

著名な科学者アイザック・ニュートンがある手紙に書いた「If I have seen further it is by standing on the shoulders of Giants.（もし私が遠くを見渡せたのだとしたら，それは巨人の肩の上に乗っていたからです。）」という言葉は，科学の一面を端的に示しています。先人の科学者が発見してきた知識のうえに，科学の新たな発見が行われています。では，それらの科学知識はどのようにして得られてきたのでしょうか。主要な方法の1つとして実証研究があげられます。実証研究は観察や経験によって知識を得る方法です。その時代その時代で可能なかぎり信頼性の高い十分な量のデータを分析し検証することで，法則などの知識を発見するのです。時代が進めば，より信頼性が高く，より大量のデータが取れるようになります。あるいはこれまで取ることが技術的に難しかった種類のデータが取れるようになります。それらのデータの分析から，また新たな知識が発見され，積み上げられていく形で科学は発展してきました。

ある仮説が誤りであることは1つの証拠があれば示すことができますが，真理であるらしいことを示すためには，証拠となるデータを十分な質で十分な量を集める必要があります。そして，その仮説がもし真理であるならば，同じ条件でデータを取れば，発見者以外の誰もが，測定誤差を考慮したうえでほぼ同じデータを取ることができるはずです。これを**再現性（Reproducibility）**といいます。再現性は科学において根本的な合意事項であり，再現性がない仮説は科学的知識としては認められません。

インターネットが普及する以前，科学的発見にともなうデータは学術雑誌という紙媒体に載せる形が主流でした。そのため，掲載可能なデータの量は限られており，分析結果のみが掲載されることも少なくありませんでした。当時，データやその作成条件を詳しく知るためには，発見を行った研究者にコンタクトし，個人的に情報をもらうしかありませんでした。インターネットが普及した1990年代，電子出版が一般的になると，論文の補足資料としてデータに電子的にアクセスできるようになりました。しかし，既存の学術雑誌においては紙の冊子体と電子出版された電子ジャーナルの両方を維持する必要から値段が高騰し，大学の図書館であっても予算が足りず研究に必要な学術雑誌が購入できなくなるなどの弊害が出ました。つまり，技術面では電子的に大規模なデータであってもアクセスが可能になった一方，学術雑誌の購読料の高騰から研究に必要な情報に触れることができなくなるという事態が起きました。

そこで，科学データを始めとする学術情報について，2つの方向性の動きが現れます。1つは学術雑誌における**オープンアクセス(Open Access)**，もう1つは研究データの公開についての議論です。これらの学術情報に対するオープン化の動きを**オープンサイエンス(Open Science)**といいます。

オープンアクセスの定義は必ずしも定まっていませんが，典型的なパターンとして，論文の著者が学術雑誌に料金を払って投稿し，読者は無料でアクセスして論文やその補足資料を利用できる形があります。オープンアクセスを強く推進している出版社として，PLOS(Public Library of Science)が有名です。この出版社が出版している学術雑誌はすべてオープンアクセスであり，論文はすべて「CC-表示」ライセンスで利用することができます。

もう1つは研究データの公開を推し進める議論です。生命科学の分野では，インターネット普及以前から，データの公開と共有の文化がありました。たとえば，多くの学術雑誌で，論文投稿前にその研究で利用した塩基配列(遺伝情報が保持されているDNA，RNAなどの配列)をINSDC(International Nucleotide Sequence Database)に登録することを義務付けられています。登録された塩基配列は公開され，誰でも制限なしに利用可能となっています。同様に，タンパク質立体構造はwwPDB(World Wide Protein Data Bank)に登録が義務付けられています。その他の種類のデータに関しても次々と研究コミュニティベースでレポジトリが作られ，公開と共有が進んでいます。さらに，近年では，公的資金で行われた研究は，オープンガバメントの透明性の観点から，国民誰もがアクセスできるよう公開されるべきである，という考えも研究データの公開を後押ししています。ただし，研究データはガバメントデータとは異なり，それぞれの分野の国際的な研究コミュニティと深くかかわる側面を持ちます。そこで，RDA(Research Data Alliance)という国際団体が組織され，研究データの共有を推し進める活動を行っています。

研究データの公開・共有においてしばしば言及されるものとして，FAIR原則(FAIR Data Principles)があります[*5]。FAIRは「Findable(見つけられる)」「Accessible(アクセスできる)」「Interoperable(相互運用できる)」「Reusable(再利用できる)」の略です。FAIR原則は2014年FORCE11というコミュニティによって提案されました。データを必要とする第三者が見つけることができ，容易にアクセスでき，他のデータと共に利用でき，かつ，利用可能な条件が整った状態で公開するための原則を記述したものです。たとえば「Findable」の部分については以下のようになります。文中に出てくる「メタデータ」につい

*5
FAIR Data Principles. https://www.force11.org/group/fairgroup/fairprinciples

ては 11 章で説明します。

To be Findable:（見つけられるために）
F1. （メタ）データが，グローバルに一意で永続的な識別子 (ID) を有すること。
F2. データがメタデータによって十分に記述されていること。
F3. （メタ）データが検索可能なリソースとして，登録もしくはインデックス化されていること。
F4. メタデータが，データの識別子 (ID) を明記していること。

　F1 の「（メタ）データ」はデータとメタデータ両方を指します。グローバルに一意というのは，このデータに識別子として付けられた文字列が世界のどのデータとも重複しないことを指します。永続的というのは，この先の未来ずっとこのデータにつけられた文字列を変えずに使い続けられることを指します。さらに F3 に従えば検索エンジンで検索ができるようになります。つまり，この F1 と F3 に沿うだけでも，他のデータと重複しない文字列がずっとこのデータについたうえで，検索ができることになり，データがさがしやすくなることが想像できると思います。このように FAIR 原則に沿って公開されるデータが増えていくことで，データの流通が促進され，結果的に，誰もが欲しいデータを欲しいときに使いやすい形で安心して利用できるようになることが期待されます。FAIR原則の全文は公式の日本語訳もあります (https://doi.org/10.18908/a.2019112601)。

8-3-2 オープンサイエンスから生まれたオープンデータの事例

　前述したように，出版社 PLOS が出版する論文と補足資料はすべて「CC‐表示」ライセンスのもと，利用可能です。DOAJ (Directory of Open Access Journals, https://www.doaj.org/) には，2021 年 7 月時点で「CC‐表示」の学術雑誌が 8070，「CC‐表示‐継承」の学術雑誌が 1187，リストアップされています。これらの雑誌の論文は，オープンなテキストデータであるため，テキストマイニングなどを通じて自由に利用することができます。
　また，研究データのリポジトリにはオープンデータとして利用可能なものがあります。最も有名な研究データリポジトリである DRYAD (https://datadryad.org/) は，登録データはすべて CC0 とされるため，自由に利用することが可能です。さらに，科学分野ごとにデータのレポジトリやカタログが用意されつつあり，それらにはオープンデータとして使えるものも少なくありません。たとえば，生命科学分野では世界最

大のタンパク質配列知識ベース UniProt のデータのライセンスは「CC-表示」です。生命科学データベースのカタログである Integbio データベースカタログを見ると，数多くのデータベースが「CC-表示」や「CC-表示-継承」のライセンスで利用可能であることがわかります。

Webで力だめし

実教出版 Web サイト (https://www.jikkyo.co.jp/) の本書の紹介ページから，Web テストページへリンクがあります。学習の確認などにご活用ください[6]。

*6
第 8 章 Web（確認）テスト

あなたがここで学んだこと

この章であなたが到達したのは
- □オープンガバメントとオープンデータの関係を説明できる
- □集合知によるオープンデータについて理解する
- □オープンサイエンスとオープンデータの関係を説明できる

この章ではオープンデータの成り立ちについて，オープンガバメント，集合知，オープンサイエンスという 3 つの側面から学びました。また，具体的にどのようなオープンデータがあり，どこでアクセスできるかについても学びました。オープンデータは今後も種類，量ともに増えていくことが予想されます。そうなれば，オープンデータのデータ分析における重要性も増していくことでしょう。

3 —部 9 —章

データと倫理

新しい技術が生まれると，それを使うことによってできることが増えていきます。しかし，新技術でできることと，人としてやってよいことは異なります。データサイエンスにおいてもそれは同じです。

　しかし，人としてやってよいことと悪いことの線引きは，必ずしも簡単に決められることではありません。国語辞典（小学館デジタル大辞泉）によると「倫理」とは「人として守り行うべき道。善悪・正邪の判断において普遍的な規準となるもの」と書かれています。新技術が生まれるたび，その技術における倫理を社会的に深く議論し，考えていくことが必要です。

●この章で学ぶことの概要

　ここでは，データサイエンスにおける倫理について学びます。まず，新技術について考えるべき社会的課題，ELSI の概念を学びます。さらに，データを適切に扱うための基礎知識を学びます。また，データサイエンスにおける ELSI の具体例の１つとして，個人情報やプライバシーについて学びます。

●この章の到達目標

1. ELSI を説明できる
2. データのバイアスとその影響および対処方法を理解する
3. データを用いた不正について理解する
4. 個人情報やプライバシーについて理解する

（ア）ELSIとは何か，調べておこう。

（イ）個人情報やプライバシーについて，これまで社会的にどんな問題が起きたか調べておこう。

9 1 ELSI

▉9-1-1 ELSIとは

ELSIとは**倫理的**(Ethical)，**法的**(Legal)，**社会的**(Social)な**問題**(Issues)の頭文字を取ったものです。エルシーと読みます。科学や技術は日々進み，新しい科学や技術は人々の暮らしを便利に豊かにする反面，社会にとって害となりかねないことや受け入れがたいことも可能としていきます。科学や技術が進むことで社会的に問題になりうる課題に対して，どのように対処しどのように解決していくかを考えることがELSIです。

ELSIという言葉は1990年アメリカを中心として始まった「ヒトゲノム計画」において，ジェームズ・ワトソンが初めて使いました。「ヒトゲノム計画」とはヒトのゲノム（染色体上の遺伝情報）の全塩基配列を決定する研究計画です。ヒトゲノムの全塩基配列が決定され，さらに遺伝子の働きを解析することで，医療などに大きな発展をもたらすことが期待されていました。その一方で，ヒトの遺伝情報をあきらかにすることで社会的にどのような影響がおよぶかという不安な面もありました。そこで，ジェームズ・ワトソンは，「ヒトゲノム計画」を進めるに当たり，同時に，この計画が，倫理的，法的，社会的にどのような影響をもたらすか，検討を進める予算を確保することを提案しました。ELSIという言葉は生命科学分野で生まれた概念であったことから，当初は生命科学分野，とくにゲノム科学分野を中心に議論が進められてきましたが，近年では，科学分野全体に対し，用いられるようになってきました。

さて，ここで，ELSIでの「倫理的」，「法的」，「社会的」とは，どのようなものを指しているかを見ていきましょう。倫理とは人が行動するときによるべき規範です。人として行ってもよいラインと踏み越えてはならないラインを示すものといってもよいでしょう。法はここでは法律と同義で，国家などによって定められた一定の強制力を持った規範です。社会は世論といい換えてもいいでしょう。世論は時代で大きく変化します。たとえば50年前，公的な場で公的立場にある人物が「男性は仕事，女性は家庭」と発言しても何の問題にもならなかったと思われますが，いまでは大問題になりかねません。

新しい科学技術が社会に導入されたとき，倫理的には，その技術を用いた行動でどこまでが人として行ってもよいラインであり，どこからが人として踏み越えてはいけないラインかをあきらかにすることが必要です。たとえば，2018年中国の研究者がエイズに感染しないよう遺伝子を改変した受精卵から子どもを誕生させたニュースがありました。しかし，当時も2021年現在も遺伝子を改変した受精卵から子どもを作るということは倫理的に認められておらず，この研究者は世界中から大きな非難を受けることになりました。その一方で，遺伝性の病気の治療のために体から細胞を取り出し，改変して戻すことは認められています。つまり，現時点では，ヒトの遺伝子の改変は受精卵に行って子どもを作ることは認められず，生まれたあとで体から細胞を取って改変することは許されるというラインが引かれていることになります。法は，その技術が導入されたときに，対応できていないのであれば，倫理と世論を通じて，法律として定めていく必要があります。社会的には，世論がその技術を使うことを許容しているかどうかがポイントとなります。たとえば，ある新技術が倫理的にも法的にも問題がないが，世間の人々が許容していないとします。この技術をもしどこかの企業が利用したとすると，その企業の信用と評判の失墜をまねくことになるでしょう。もし，世間的に許容されていない技術を導入したいのであれば，世論を動かす必要も出てきます。

　このように，新技術の導入に従って，倫理的，法的，社会的な問題を議論し，倫理的ラインを決め，法律を整備し，世論を見定めることが重要になっています。

9-1-2 データサイエンスにおける ELSI

　人工知能（AI）やデータサイエンスにおいても，ELSI の議論は重要性を増しています。たとえば，現在，人工知能は，ブラックボックス型の人工知能といわれるタイプのものが主流となっていますが，これは使い方によっては，制御不能な行動や判断をすることがあります。たとえば，マイクロソフトが2016年に公開した Tay という Twitter 上のチャットボットは，ある時点から差別的発言や問題発言を行ったり，フォロワーへスパムを送りつけたりするようになりました。ELSI の観点からは，このような想定外の行動を人工知能が行って，人に危害を加えることがないように保証することが必要だと思われます。いつ制御不能に陥るかわからず，人を傷つける可能性がある人工知能は倫理的に利用できません。また，人工知能により人を傷つけた場合は法的に罰せられるでしょう。そして，人を傷つける可能性がある人工知能を社会が許容できるかという問題もあります。

直近の ELSI に関連する人工知能の話題として，自動運転があります。どこまで人工知能に運転を任せるのか，自動運転中に事故が起きた場合誰が責任を取るべきか，などさまざまな問題が議論されています。また，何をどうやっても必ず事故になる状況に陥った場合，誰の命と安全を優先させるべきかという問題もあります（図9-1）。スピードが十分出ていて止まれないとき，運転者の安全をあきらめて真っすぐ海へ突っ込むべきか，右にハンドルを切って右の親子連れの安全をあきらめるべきか，それとも左側の若者たちの安全をあきらめるべきか，簡単に答えは出ないでしょう。また，この状況で人工知能に判断させるということは人工知能に命の選別をさせることにつながります。

■ 図9-1　自動運転で事故を免れない状況

　データサイエンスにおいても ELSI の議論は広がってきています。問題解決に向けてさまざまなデータを収集し分析する各段階で，倫理的にも法律的にも社会的にも考えなければならない問題は数多くあります。たとえば，第7章で少し取り上げた著作権も ELSI として考えなければならない問題の1つです。インターネットが普及していなかった時代の著作権法では，インターネットによるダウンロードに関する権利を考慮する必要はありませんでした。しかし，インターネットに誰でも簡単にアクセスできるようになると，社会的世論や倫理の面から，インターネットを通じた著作物のダウンロードは著作権侵害に当たるのではないか，という議論が起こり，それが法律改正という形で反映されました。
　2021年3月に閣議決定された「第6期科学技術・イノベーション基本計画」[1]では，第1章で取り上げた Society 5.0 においても，ELSIに対応するため，俯瞰的な視野で物事をとらえる必要性が述べられています。9-2節以降では，データサイエンスの中でもデータ収集やデータ分析の段階で ELSI と深くかかわってくる，データ取り扱いの健全性，さらに個人情報保護とプライバシーについて述べていきます。

*1
　https://www8.cao.go.jp/cstp/kihonkeikaku/6honbun.pdf
（2021年11月3日閲覧）

9-2-1 データのバイアスとその対応

みなさんは料理をしますか？　美味しい料理を作るためには，レシピの工夫，火加減の工夫などいろいろな要素がからんできますが，その中で大事な手順の1つが「味見」でしょう。味見をすることで，その料理全体が自分の思っている味になっているかどうかを予測することができます。味見において重要なことは，味見に取った部分が全体をきちんと代表していることです。味が濃い部分だけ取ったり，薄い部分だけ取ったりすると，全体の味を正しく予測できなくなります。

データを用いた分析も同じです。できるだけ正しく予測や分類を行うためには，データが全体を正しく表している必要があります。データが全体を正しく表せていないとき，つまりデータに何らかのかたよりがあるとき，それをデータの**バイアス（Bias）**といいます。データにバイアスが入り込む原因はさまざまです。注意が必要なバイアスとして以下の2つをあげておきたいと思います。

測定バイアス

人間が手作業でデータを分類した際など，誤りがデータに入り込むことがあります。誤りがデータの大きさに比較して少量ランダムに入り込んだ場合はデータのノイズとして扱うことができますが，誤りがかたよって入っているとバイアスとなり，誤った分析や結果を導くことになります。あるいは，分類したグループに対して，それぞれ測定条件や測定機器が異なる場合，条件の違いや機器の特性からそのままデータを処理すると，誤った結論を導きかねません。このようにデータ作成時に入り込むバイアスを**測定バイアス**といいます。

選択バイアス

データ収集時に，全体からではなく，特定の性質を持った部分から収集したことで，その特定部分の傾向の影響が出てしまうようなバイアスを**選択バイアス**といいます。たとえば，犬と猫を見分ける機械学習モデルを作成しようと，犬と猫の写真を集めたとします。このとき，図9-2のように，猫は右を向いた写真のみを，犬は左を向いた写真のみを集めたとします。猫の写真全体から見ると右を向いた写真は特定の性質を持った一部ですし，犬の写真全体から見ると左を向いた写真も特定の性質を持った一部といえましょう。これらの写真で犬と猫の分類を学習させると，「右を向いたのが猫」「左を向いたのが犬」と学習してしまいかねません。その場合，左を向いた猫の写真を判定させると「犬」と分類

してしまうでしょう。

収集したデータ

猫　　　犬

学習

左を向いてる

「犬」！

■図9-2　選択バイアスの例

他に以下のようなバイアスが知られています。

関連付けバイアス

　ステレオタイプに基づいたラベル付けを行ったことによるバイアスを**関連付けバイアス**といいます。たとえば，青や緑の服を着た子供を男の子に分類し，赤やピンクの服を着た子供を女の子に分類するなど，固定観念によって入り込むバイアスがあります。

確証バイアス

　仮説を検証する際に，それを支持するデータばかりを集め，反証する情報を無視または集めようとしないために生じるバイアスを**確証バイアス**といいます。

自動化バイアス

　第3章で機械学習の精度評価の問題を扱ったように，機械学習を始めとした人工知能を用いたシステムは一定のあやまちを犯します。それにもかかわらず，人工知能システムの結果を盲目的に信用することで入り込むバイアスを**自動化バイアス**といいます。

社会的バイアス

　社会的な偏見などによって生じた格差によって生まれるバイアスを**社会的バイアス**といいます。たとえば，意図せず分析結果が人種やジェンダーの違いを反映してしまい，それによって予測にゆがみをもたらす場合などがあげられます。

バイアスへの対応

　では，これらのバイアスにはどのように対応していけばよいでしょう。基本的には，バイアスの種類や入り込み方によって，バイアスを可能なかぎり取り除いていくことが必要です。たとえば，手作業が入る工程を1人で行うと，どうしてもその人の思い込みによってバイアスが入ってしまいます。また，そのバイアスはその人の無意識のうちにあることも多く，自分自身で除去することは困難です。そこで，手作業が入る工程は必ず複数人で行い，たがいにチェックし合うのが鉄則です。選択バイアスや確証バイアスに関しては，データがデータ分析の目的の対象全体から満遍なく取られているか，収集範囲を確認する必要があるでしょう。さらに，社会的バイアスは入り込む可能性がある項目を消去するなどの処理が望ましいと思われます。

　データからバイアスを取り除くのは，根気と繊細さが同時に必要となる非常に難しい作業です。しかし，バイアスが入ったままのデータを用いて機械学習や統計処理を行い，そこで誤った予測や結果を得ることにより，さらにバイアスを強化してしまう可能性があります。したがって，データの収集時にはバイアスに対して慎重な姿勢が重要です。

9-2-2 不適切なデータ取り扱いによる研究不正

　科学において法則などの知識を発見するためには，第8章で述べたように，データを用いた実証研究が大きな位置を占めています。データは研究の成果を示す証拠であるべきものです。そのため，証拠となるデータを公開すべきという動きがオープンサイエンスの流れの中から生まれてきたことは先に述べたとおりです。

　データが何らかの理由で公開できない場合であっても，他者がその研究を検証および再現できる状態を保持することは，**研究不正**，つまり正しくない方法で法則や知識を発表することを排除することにつながります。

　研究不正は「捏造」「改ざん」「盗用」の3つからなります。データの取り扱いにおける3つの不正はどのようなものか，見ていきましょう。

捏造

存在しないデータを存在するかのように意図的に作りだし，その架空のデータに基づいて科学的発見がされたと発表されるとき，そのデータは捏造されたといいます。実験をしないで実験データを作ったり，アンケートを取らずにアンケート結果を作ったりする場合に当たります。

改ざん

研究資料・機器・過程を変更する操作を行い，データを真正でないものに加工することを改ざんといいます。たとえば，データの一部に変更を加え，より示したい仮説に沿うようにする場合はデータの改ざんに当たります。

盗用

データの盗用は，他人が作成したデータをまるで自分が作成したかのように発表することです。他人が作成したデータであっても，ライセンスや利用許諾条件に従って適切に利用し，成果を出した場合は盗用に当たりません。

これらの研究不正は科学の根幹を揺るがす大きな問題です。そのため，研究機関では研究不正を行った研究者は一般に厳しい処分を受けます。

9 3 個人情報保護とプライバシー

9-3-1 個人情報保護と匿名加工

個人情報(Personal Data あるいは Personally Identifiable Information)は生存する個人に関する情報で，(1) 氏名，生年月日その他の記述等により特定の個人が識別できるもの，あるいは(2) 個人識別符号と呼ばれるものと「個人情報の保護に関する法律(通称：個人情報保護法)」で定められています。(1) に関しては，氏名だけでは特定の個人が識別できないかもしれませんが，生年月日や住所や携帯電話番号など複数の情報を組み合わせ，個人を特定することができる場合，個人情報となります。(2) の個人識別符号は，それ単独で個人を特定できるものをいいます。たとえば，指紋，手指の静脈，顔などの生体情報，マイナンバー，パスポート番号，運転免許証の番号などが個人識別符号に当たります。個人情報に紐づくことで，不当な差別や偏見が生じないように，より慎重な取り扱いを必要とする情報を要配慮個人情報と呼びます。要配慮個人情報には，人種，信条，社会的身分，病歴，犯罪の経歴，犯罪により害をこうむった事実などが含まれます。

個人情報は，その情報によって特定される個人本人のものです。個人情報を適切に開示することによって，本人に有益な情報や便益を得ることができます。たとえば，行きつけのデパートに顧客情報として住所と氏名の情報を渡すことで，お得意様限定のバーゲンの情報を得られるかもしれません。インターネット上のアプリケーションのユーザー登録時に氏名とメールアドレスの情報を渡すことで，そのアプリケーションの更新情報や新機能についての情報が得られるかもしれません。一方で，渡した情報が自分の知らないところで第三者に渡されると，さまざまな被害を受ける可能性があります。たとえば，メールアドレスの情報が第三者に渡ってしまうと，そこから SPAM などの不要広告を大量に受ける可能性があります。個人情報は本人のものなので，その利用方法，拡散のコントロールは本人が決めることができる，というのが個人情報保護の基本的な考え方です。そして，個人情報を保護しつつも個人情報の活用により本人にも社会にも有益な生活を実現する，保護と有用性のバランスが個人情報保護法の核となります。

個人情報の保護のため，個人情報保護法では，個人情報を取り扱う者にさまざまな制約をかけています。まず，個人情報を取得する際には，利用目的を本人に伝え同意を得る必要があります。個人情報を利用する際には，伝えた利用目的にのみ利用する必要があります。また，第三者への個人情報の提供は本人の同意の範囲内で行う必要があります。取得した個人情報は漏洩しないように厳重に管理することが求められます。

その一方，前述の個人情報の取り扱いの制約には以下の例外事項が定められています。

法令に基づく場合

代表的な例として，統計法に基づく国勢調査があります。国勢調査を行う際には個人に報告を求めることができ，報告を求められた個人はそれを拒否できないことが統計法第十三条に書かれています。

> 人の生命，身体又は財産の保護のために必要がある場合に，本人の同意を得ることが困難であるとき。

2005年4月にJR西日本の福知山線で脱線事故が起きました。死亡者107名，負傷者562名という大事故でした。この事故では，家族が病院に安否を問い合わせた際，一部の病院が「本人の同意がない」という理由で拒否したために混乱が起こりました。このケースは，まさに「人の生命，身体又は財産の保護のために必要がある場合に，本人の同意を得ることが困難であるとき」に相当します。そのため，病院は家族に安否情報を開示できたのですが，病院側が個人情報保護法にふれることを不必要に恐れたため，情報提供を拒否したと思われます。この件をきっかけに，個人情報の保護と活用のバランスを取るための法律である個人情報保護法に対し，保護側への過剰反応が議論されることとなりました。

> 公衆衛生の向上または児童の健全な育成の推進のためにとくに必要がある場合に，本人の同意を得ることが困難であるとき。

たとえば，ある児童虐待について児童相談所，学校，警察，医療機関などが連携して対応する際，本人および保護者の同意なく対象の児童の情報を共有することができます。

> 国の機関もしくは地方公共団体またはその委託を受けた者が法令の定める事務を遂行することに対して協力する必要がある場合に，本人の同意を得ることにより当該事務の遂行に支障をおよぼすおそれがあるとき。

税務署から特定の顧客との取引情報の提供依頼があった場合などが相当します。

上記の例外事項に加え，特定の個人を識別することができないように個人情報を加工して得られる<u>匿名加工情報</u>もある一定の条件を満たせば，本人の同意を得ることなく第三者提供を行うことができます。匿名加工情報を利用することで，複数の事業者間で保持されているさまざまな情報を組み合わせて活用することが可能となります。個人情報から匿名加工情報を作成するには，まず個人識別符号があればそれを取り除きます。また，個人を特定できる情報を取り除き，利用目的に合わせて以下の加工を行うことで個人情報を復元できないようにします。

一般化

　「じゃがいも」を「野菜」に置き換えるなど，データを上位概念に置き換えます。

トップ（ボトム）コーディング

　滅多にない大きな，あるいは小さな数値をデータとして持つ場合，たとえば，年齢が「118 歳」だと，それだけで個人が特定されてしまいます。これを，「90 歳以上」に置き換えることで特定を防ぎます。

ミクロアグリゲーション

　ある属性に着目してデータをグループに分け，グループに属する人の値をグループの<u>平均値</u>などの代表値で置き換えます。

データ交換

　ランダムにある人と別の人の値を交換します。たとえば，A さんと B さんの購買履歴を入れ替えるなどの処理をします。

ノイズ付加

　もとの数値にランダムな値を付け加えます。位置情報にランダムな値を付け加えることで，9-3-2 項で述べる位置情報によるプライバシーの問題にも対処できます。

疑似データ生成

　データが少なく特異性の高いグループの特定を困難にするために，人工的に作ったデータを混ぜ込みます。

⑨-③-② プライバシー

　個人情報を含み，より広い概念として**プライバシー**の概念があげられます。個人情報は個人情報保護法で定義されていますが，プライバシーの概

念は時代によって大きく異なります。現在，プライバシーの概念の1つとして用いられるのは1980年にOECD（Organisation for Economic Co-operation and Developmen，経済協力開発機構）で採択された「プライバシー保護と個人データの国際流通についてのガイドライン（通称OECDプライバシー8原則）」によります。ちなみに個人データとはデータベースなどに入れて容易に検索可能な状態になっている個人情報を指します。8つの原則をあげると，以下のようになります。

1. 「目的明確化の原則」
個人データの収集目的を明確にし，データ利用は収集目的に合致するべきである。

2. 「利用制限の原則」
本人の同意がある場合，法律の規定による場合以外は，目的以外に利用使用してはならない。

3. 「収集制限の原則」
個人データは適法・公正な手段により，かつ，本人に通知または同意を得て収集されるべきである。

4. 「データ内容の原則」
個人データは利用目的に沿ったもので，かつ，正確，完全，最新であるべきである。

5. 「安全保護の原則」
合理的安全保護措置により，紛失・破壊・使用・修正・開示等から保護するべきである。

6. 「公開の原則」
データ収集の実施方針等を公開し，データの存在，利用目的，管理者等を明示するべきである。

7. 「個人参加の原則」
自己に関するデータの所在および内容を確認させ，または異議申し立てを保障するべきである。

8. 「責任の原則」
個人データの管理者は諸原則実施の責任を有する。

このようにOECDプライバシー8原則は個人情報保護の観点からプライバシーに関して述べており，事実，日本を始めとした各国の個人情報保護法に大きな影響を与えました。EU28カ国が2018年に出したGDPR（EU General Data Protection Regulation，欧州一般データ保護規則）もこの原則の延長上にあるといってよいでしょう。GDPRはEU内28カ国でバラバラであった個人情報保護関連規則を一元化しました。そのうえで，EU内の個人データをEU内だけでなく，全世界

でGDPRに沿って保護することを求めています。

　一方，プライバシーを国語辞典（小学館デジタル大辞泉）で引くと，「個人や家庭内の私事・私生活。個人の秘密。また，それが他人から干渉・侵害を受けない権利」とあります。前述したように個人情報保護法は個人情報を取り扱う者にさまざまな制限をかけることで，個人情報の持ち主が意図しないデータの利用や拡散を防ぐものです。一方で，個人情報の持ち主が意図せずにプライバシーを公開してしまうこともあり得ます。位置情報はその典型的な例といえましょう。たとえば，第11章で扱う写真のメタデータには日付と位置情報があるため，写真から撮影者がいつどこにいたかがわかってしまいます。また，スマートフォンの位置情報から，夜長く滞在している場所は自宅，平日の昼長く滞在している場所は通っている学校か勤務先ということがわかるでしょう。そのため，匿名加工時には，前述したようにノイズを入れて，自宅や勤務先などよく立ちよる場所を特定できないようにすることが必要になります。位置情報はうまく利用すれば有用なサービスを受けることができる一方，プライバシーに強く紐づいた情報であることを理解したうえで開示する必要があると思います。

Webで力だめし

　実教出版Webサイト（https://www.jikkyo.co.jp/）の本書の紹介ページから，Webテストページへリンクがあります。学習の確認などにご活用ください*2。

*2
第9章 Web（確認）テスト

この章であなたが到達したのは

□ ELSI について理解する

□ データのバイアスについて理解し，適切な対処方法を取ること
　ができる

□ データを用いた不正について理解する

□ 個人情報やプライバシーについて理解する

　この章では，まず，新技術を導入する際に「人としてやってよい
ことか（倫理）」「法律上に問題ないか（法）」「社会に受け入れられ
るか（社会）」を考える ESLI を始めとした，データサイエンスの
倫理に関わる側面について述べました。今後もデータの種類と量は
増え続けるでしょうし，それにともない，データサイエンスで扱え
る内容も増えていくと思われます。技術的な面だけでなく，倫理的
な問題がないかを常に考えながら，データを扱っていくことが重要
です。

第 4 部

課題解決プロセスの体験

4 —部 10 —章

データサイエンスによる SDGs 課題解決への取り組み

※ VUCA：Volatility：変動性,
Uncertainty：不確実性,
Complexity：複雑性,
Ambiguity：曖昧性

課題解決プレゼンテーション

世界環境が大きく変化する VUCA※ の時代，デジタル化（DX）やデータ活用の高度化に代表される戦略が不可欠といわれています。

この不透明性が高い時代に，「いま，世界はどんな状態なのか」「どこに向かおうとしているのか」「（自分は）どのような状態にあるのか」を把握して「どんな状態になりたいのか」「どう行動すべきか」「何を優先するか」を決定することが重要です。

ここで大切なことは，社会や自分の立ち位置，向かうべき方向を指標や座標などで把握することです。つまり，思い込みや主観，直感で判断することなく，ファクト（事実，データ）や数字，ロジックで物事や環境を理解し分析できる能力が問われます。

持続可能な社会の実現に向けた目標である SDGs は，政府や企業の活動だけでなく，自治体や NGO など，多様な人々からその社会課題に取り組む枠組みや指標として活用されています。

SDGs の課題に対し，数理・データサイエンス・人工知能に関する知識および技術を活用できる基礎的な能力が求められています。

●この章で学ぶことの概要

データサイエンスによる革新は，社会の取りまく世界を変え，経済の成長や地域の活力を牽引しています。データの収集や蓄積，分析，変換の価値を理解しましょう。本章では，SDGs の適用や分析を事例として，暮らしに活かされるデータの構造や関係，処理などを学習します。

●この章の到達目標

1. 情報（データ）の意味や価値を理解し，これを説明できる
2. データ分析技術の概要と課題改善事例を説明できる
3. データ分析技術の課題を発見しその解決例を説明できる

（ア）SDGs について，次のことを調べてみよう。

    1.　17 のゴール

    2.　169 のターゲット

    3.　SDGs の進捗を測定する指標

（イ）居住地（都道府県，市町村）において，次のデータを調べてみよう。

    1.　人口（数，構成，出生数，将来予測等）

    2.　産業（製造業／卸売・小売業／農林水産業）の出荷額

    3.　有効求人倍率，就業者数

10　1　SDGs の行動と責任

10-1-1　SDGs とは

  2016 年に 73 億人であった世界の人口が 2050 年には約 97 億人となると見込まれています。私たちのかけがえのない地球は，温暖化や気候変動の環境問題，感染症，経済回復を始めとする世界全体の問題に直面しています。これらに対応して，人口増加にともなう食料，水，エネルギー，その他資源の供給不足が懸念されています。

  SDGs（エス・ディー・ジーズ）とは，「持続可能な開発のための 2030 アジェンダ（2015 年 9 月の国連サミット採択）」に記載された，地球全体の**持続可能な開発目標（Sustainable Development Goals）**のことです。これには，世界をよりよく持続可能とするために，17 のゴール（大目標）・169 のターゲット（個別目標）を 2030 年までに達成することを目指しています（図 10-1）[1, 2, 3, 4]。

*1

Let's TRY!

17 のゴールを英語と日本語で説明できるようにしよう。
https://www.un.org/sustainabledevelopment/

*2

Let's TRY!

169 のターゲットを把握しよう。

*3

Let's TRY!

ターゲットに対するファクツ（Facts）を把握しよう。
国際連合広報センター　持続可能な開発目標（SDGs）－事実と数字
プレスリリース 18-092-J
2018 年 12 月 24 日
https://www.unic.or.jp/news_press/features_backgrounders/31591/

*4

Let's TRY!

SDGs の進捗を測定する指標を把握しよう。
JAPAN SDGs Action Platform
https://www.mofa.go.jp/mofaj/gaiko/oda/sdgs/statistics/index.html

■図 10-1　SDGs　17 のゴール [*5]

  SDGs は，発展途上国のみならず，先進国自身が率先して取り組む普遍的な目標であり，地球上の「誰 1 人として取り残さない（leave no one behind)」持続可能で多様性と包摂性の実現を誓うものです。

　SDGsとは，現状を把握したうえでこれを改善するもの（<u>フォアキャスティング</u>：<u>Forecasting</u>）ではなく，未来のあるべき姿から逆算していまの施策を考えるもの（<u>バックキャスティング</u>：**Backcasting**）です（図10-2）。つまり，<u>AI</u>や<u>IoT</u>，CPS（Cyber-Physical System）といったイノベーションによる創造的破壊から「ありたい姿」を達成しようとするものです。

*5
https://www.un.org/
sustainabledevelopment/
The content of this
publication has not been
approved by the United
Nations and does not
reflect the views of the
United Nations or its
officials or Member States.

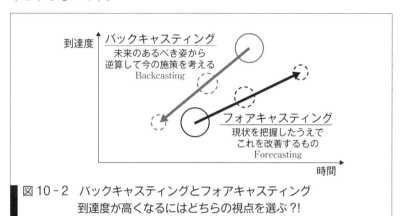

図10-2　バックキャスティングとフォアキャスティング
　　　　到達度が高くなるにはどちらの視点を選ぶ?!

10-1-2 SDGsの枠組みと責任

　SDGsは，その主たる対象を政府にかぎらず，企業などあらゆる団体の共通の枠組みとしています。持続可能な開発に向けたそれぞれの役割や協力の優先課題を打ち出す手段とするものです。なかでも企業は自らの事業成長のためにSDGsを活用することで新たな活動機会を見出せます。つまり，企業は，そのビジョンや目標達成のために，戦略，活動などを立案するなかで，SDGsをフレームワークとして運用し，事業活動とともにこれを周知・報告することとなります。

　企業によるSDGsの活用は，顧客や従業員，その他ステークホルダーとの関係を強化して成長を加速させるだけでなく，持続可能な開発の実現を目指す際のリスクを下げます。国際的で巨額の公共・民間投資は，SDGsの実現に積極的な企業だけをその対象としており（例：**ESG投資**），SDGsが企業成長のための戦略的ツールとなっています。

　また，SDGsの本質は人権の尊重であり，企業が関連する法令や国際標準を遵守し，基本的人権を尊重する責任を持つことを前提としています。企業の危機管理において，事業活動にともなう人権侵害リスクを把握し，これに対する予防や軽減策が必要不可欠となります。この策を講じることを<u>人権デューデリジェンス</u>（**Human rights due diligence**）といいます。

　企業は，自らの成長ビジョンと経営戦略，業務活動の中で，SDGsへの貢献を測定し管理し達成する責任を有するとともに，その<u>説明責任</u>を

果たすこととなります。

10-1-3 SDGs によるコミュニケーション

　企業は，SDGs や ELSI[*6] という共通の課題や指標を活用して，持続可能な開発に関する活動報告をします。多くのステークホルダーは，この『共通言語』が示す企業の到達目標や事業内容の共有とともに，意見交換や理解，協働，支援などができることとなります。

　企業や社員，顧客，取りまく環境とのコミュニケーションは，価値観を共にすることであり，共感や共鳴，信頼と支持，愛着や愛情を生むことになります。ここで，企業活動でとくに重要となるのは，社員の意識・考え方であり，**マインドセット (Mindset)** です。

　企業において，SDGs といった公共の理念を含む指標導入は，企業の持続可能な発展のあり方，公器としてのあり方を表現するものです。SDGs を企業活動に導入するには，ステークホルダーの中核となる社員・従業員の行動哲学（**フィロソフィー：Philosophy**）と行動を規定し，モチベーションを変えることが求められます。企業の推進力を支える人材への SDGs の浸透は，ステークホルダー1人1人に寄り添うアクティビティやパフォーマンスとして現れます。その結果，社員の行動や体現したものが，モノやサービスとなって，ステークホルダーとして重要となる顧客の満足度や信頼度の向上を勝ち取り，企業の存在意義や価値，持続可能性へとつながることとなります。

　「企業は誰のために存在するのか」，「従業員は誰のために仕事をしているのか」との問いに対し，ステークホルダーそれぞれが当事者意識を持って，SDGs とフィロソフィーから事業（企業風土や存在価値，公平性や透明性，ビジョンやゴール，モノやサービスなど）で応えるコミュニケーションの好循環を展開することとなります。

*6
＋α プラスアルファ
　ELSI とは，倫理的・法的・社会的影響／課題 (Ethical, Legal and Social Issues/Implications) で，エルシーと読みます。ELSI は 9-1 節で学びます。

10-2-1 SDGs 活用の基本

企業などが SDGs に取り組む指針に「5 つのステップ」があります[7]。

ステップ 1. SDGs を理解する

ステップ 2. 優先課題を決定する

ステップ 3. 目標を設定する

ステップ 4. 経営へ統合する

ステップ 5. 報告とコミュニケーションを行う

企業にかぎらずあらゆる団体が，事業目標の策定や経営戦略の立案において，SDGs への整合と貢献を管理する手順となります。とくに，ステップ 2 〜 5 のサイクルを継続的に循環することが重要です。

企業は，環境や社会に配慮した経営が求められ，ステークホルダーからその意思決定や経営状況の説明を年度ごとに求められます。企業の情報開示ツール（報告書）として「**CSR レポート**（CSR : Corporate social responsibility とは，企業の社会的責任)」があげられ，SDGs や **ESG**（環境：Environment，社会：Social，ガバナンス：Governance）の社会への浸透から，現在では**サステナビリティレポート**という名称で開示する企業が増加しています。つまり，企業はサステナビリティレポートを通して，ステップ 2 〜 5 の継続的サイクルの取り組み情報（持続可能な社会の実現に向けて，より積極的な行動姿勢）を開示します[8]。

10-2-2 事業活動に対する SDGs データ分析例

事業活動を前提とし，活動内容のそれぞれに SDGs データを落とし込む分析事例を紹介します。

企業などによる SDGs 達成のアプローチの 1 つとして，SDGs 達成のプロセスを**ロジックモデル**（Logic model）[9] で示す方法です。この方法は，上記のステップ 2 を中心とするもので，経済的および環境的，社会的な影響から事業活動を示すものです。そのプロセスは，インプット（投入），アクティビティ（活動），アウトプット（産出），アウトカム（結果），インパクト（影響）の 5 段階です。企業などは，持続可能な開発に与える指標を事業活動の各段階で 1 つ以上設定することで，SDGs の達成度や与える影響を経時的に把握することになります。

織物製造業のロジックモデル例を図 10 - 3 に示します。障がい者が連携して土産物を製造するこの事業は，障がい者および女性，雇用，経済的自立，貧困，パートナーシップをキーワードとして，SDG1，3，5，8，17 の解決を目指すものです。

*7
Let's TRY!!

SDGs の活用指針である 5 つのステップを使って具体的な事業での取り組みを議論しよう。
SDG Compass
https://sdgcompass.org/wp-content/uploads/2016/04/SDG_Compass_Japanese.pdf

*8
Let's TRY!!

ジャパン SDGs アワードの表彰事例を参考に，具体的な事業での SDGs の取り組みを議論しよう。
https://www.mofa.go.jp/mofaj/gaiko/oda/sdgs/award/index.html

*9
＋α プラスアルファ

ロジックモデルとは，企業や組織，事業が目指す変化や効果の実現に向けた道筋を体系的構造的に示すものです。つまり，ここでは事業活動が SDGs 達成にいたるまでの論理的な因果関係を明示します。

| 副本部長賞
(外務大臣) | 特定非営利活動法人Support for Woman's Happiness（東京都足立区）
国を超えて障がい者達が力を合わせて生み出すブランド | | |

【取組内容】
・障がい者当事者団体と、ラオスに障がい者が働き暮らす施設を設立。ラオスと日本の障がい事業所が協力し、お土産品を製造、地元企業に納品することで、国を超えて障がい者が支え合う仕組みを確立。
・ラオスでは身体障がい、日本では精神障がいを持つ人々と職業訓練を行い、質の高い製品を作れるようサポート。ラオスと日本の伝統の織りをコラボした製品は評判が良く、ラオス国内のみならず日本の百貨店等の催事で販売や製品を中心とした全国展を開催。
・伝統的に女性が主要な労働者である布づくりを活動の基礎にしている事もあり、活動の中心は女性で、女性の障がい者も男性と同じ労働から同じ収入が得られる仕組みとなっている。

SDGs実施指針における実施原則（本アワード評価基準）	
普遍性	国を越えて互いのできることを組み合わせ、障がい者雇用を促進するスタイルは、他国・他地域にも普及可能。
包摂性	女性を中心として、各国の多様な障がい者、開発途上国の少数民族や貧困地域の住民の生活水準向上に貢献。
参画型	障がい者、地域住民、少数民族、ビジネス関係者、地方自治体、アドバイザー、学生など多様なステークホルダーが参画。
統合性	安定的な運営を行うべく地域経済に根付かせ、障がい当事者と少数民族の女性達の雇用を創出し、顔の見えるものづくりを重視。
透明性と 説明責任	SNSやブログ、紙媒体のニュースレターの発行・配布により情報を広く発信。ボランティアの参画等を含むオープンな活動を意識。

図10-3　SDGs活動例：第4回ジャパンSDGsアワード表彰
（外務省HP：https://www.mofa.go.jp/mofaj/gaiko/oda/sdgs/pdf/award4_04_support-for-womans-happiness.pdf)

織物製造事業の各段階を通して事業内容を把握します。その具体的なものとして、投入する資源は何か（投入指標例：製造費、開発費、マーケティング費）、どのような活動をするか（活動指標例：連携者数、生産個数）、何を生み出すのか（産出指標例：販売額、販売数、売上高）、人や環境などに対しどのような変化をもたらすのか（結果指標例：従業員の所得（活動前との比較））、結果がもたらす変化や影響とは何か（影響指標例：貧困者数の低下（活動前との比較））、があげられます。

このロジックモデルの重要な点は、SDGs事業の取り組みを把握することであり、持続可能な開発に与える指標を選択し、達成度を把握するデータを収集することです。本来、結果および影響に与える、適切な指標やデータを収集することが求められますが、投入および活動、産出に関するデータを計測して結果および影響の代替指標とする事例も多くあります。

10-3節では、本項と逆のアプローチである、SDGsを主題としたデータ分析（課題解決）を具体的に把握しましょう。

10 3 SDGs を主題としたデータ分析*10

10-3-1 SDGs 解決のプロセス

10-2-2 項（SDGs の取り組みとその事例）の逆アプローチとなる，SDGs 提示による課題解決プロセスは次の 3 段階（①〜③）となります。

〈①段階〉 SDGs（主題）の決定とゴールの確立

まず，SDGs の 17 ゴールのうち，興味がある，または解決したい SDGs を 1 つ決定します（「1. 主題」の決定）。SDGs（主題）とあわせその「2. 選定理由」も示します。なお，前述のとおり，SDGs は，17 の ゴール（大目標）・169 のターゲット（個別目標），ターゲットに対する ファクト（事実）の理解が重要です。主題決定の際に，SDGs の目標と 事実を理解した選定理由を示しましょう。

なお，SDGs 解決に際し，活動の「3. ゴールの確立」をすることも 到達度を確立し活動を活性化する上で有効です。ここでいうゴールとは，SDGs 解決活動の達成すべき目的や目標，指標のことです。

それでは，具体的に複数のメンバー（チーム）活動を想定して，テンプレート（表 10-1）*11 を活用した SDGs（主題）決定とゴール確立の事例を把握してみましょう。

*10
＋α プラスアルファ

10-2-2 項は事業活動を前提に SDGs 適用から SDGs 達成の道筋をあきらかにしようとするのに対し，10-3 節では SDGs 解決を目的として，既存データの活用から SDGs 達成の道筋をあきらかにします。

*11 **Webにlink**

表 10-1 のテンプレートは実教出版 Web サイトと下記 QR コードからダウンロードできます。
第 10 章ワークシート「SDGs 解決テンプレート」

表 10-1 SDGs 解決テンプレート例

①SDGs（主題）の決定	
ⅰ. 今，どんな状況なのか。	【なぜ "SDGsターゲット" を選定したか？】 1. SDGs（主題） 2. 選定理由
ⅱ. 何を解決しようとしているのか。	（3. ゴールの確立）
②事実の収集と分析	
ⅰ. 今，何がわかっているのか。	【データ分析による改善とその対象となる人々】 1. 解決したい課題 2. データ分析による改善を必要としている人々
ⅱ. 問題解決のため，さらに調べることは何か。（必要な資料やリストは何か）	3. データ分析技術の概要と課題改善の内容
③コンセプトの発見	
ⅰ. 提案する解決策は何か。	【調査からわかったこと】 1. SDGs達成に向けた課題 2. 他の期待できる試み
ⅱ. なぜ，提案する解決策は最もよいのか。	3. 効果のありそうな施策案等

「なぜ"SDGs"を選定したのか」を課題として，「1.主題」と「2.選定理由」を決定します。つまり，"いま，どんな状況なのか"，"何を解決しようとしているのか"をイメージしながら主題であるSDGsを決定します。とくに，複数のメンバー（チーム）で取り組む際は，この主題の背後にあるストーリー（事象や現象，事実，体験，疑問，質問など）の共有は，その後の議論を拡散させないために大切となります。さらに，チーム活動の「3.ゴールの確立」では「何を達成すれば（チームとして）成功したといえるのか」「対象のSDGs解決の使命と役割は何か」「データ分析技術を把握する目的は何か」などを具体的に示しましょう。このチームとしてのゴールの確立は，チームが1つのベクトルに向かう（方向性や使命を合わせる，達成度確認の）ために有効となります。

〈②段階〉　事実の収集と分析*12

ここでは，対象のSDGsに関する情報（データ分析技術の事例）を収集・整理してこれを分析します。とくに重要な点として，定性データと定量データの取り扱いとその加工と分析法です。

それでは，具体的にチーム活動を想定して，テンプレート（表10-1）を活用した事実の収集と分析を行ってみましょう。

「データ分析による改善とその対象となる人々」を課題として「1.解決したい課題は何か」「2.データ分析による改善を必要としている人々とは誰か」「3.データ分析技術の概要と課題改善の内容とは何か」といった項目ごとに検討を行います。

まず，事実の収集です。上記「①のSDGs主題」の範疇において「1.解決したい課題は何か」「2.データ分析による改善を必要としている人々とは誰か」を1つもしくは複数，事実をもとに具体的に設定します。性別などの質的データも，男性＝1，女性＝2のように数値で状態を示すようにします。

続いて，分析法の把握です。「3.データ分析技術の概要と課題改善の内容とは何か」において，解決したい課題に対する既存のデータ分析事例（とくに，2次データや3次データ*13）を収集します。これら2次および3次データから，データ分析の主体者（たとえば，国やNPO）が何を目的にどのような（定性，定量）データを収集してこれを加工・整形し，どのような方法・技術（例：統計，多変量解析，人工知能など）で分析しているかを具体的に把握します。分析者はどのような図表（結果）から結果を把握し，どのような指標（例：KGI，KPI）*14から判断・結論を導き出したのかを把握しましょう。これら特定の目的にともなうデータ収集と分析法，結果を理解したうえで，自らのチームが解決したい課題の解決法（データ収集内容と分析法）の候補の1つとします。つまり，

*12

＋α プラスアルファ

事実の収集は，一般に現状調査とニーズ調査，ベンチマーキングの3つが行われます。この節（10-3節）では，データサイエンスによるSDGs解決への取り組みの把握を目的として，既存データの活用から事実の収集のあり方を把握します。

*13

＋α プラスアルファ

1次データ

（特定の目的のため）自ら収集したデータ。実験やアンケート，インタビューなど。

2次データ

（他の目的のため）自らまたは他者が収集したデータ。国連や官公庁，新聞社などの統計やレポートなど。

3次データ

（他の目的のため）収集したデータを加工・整形したデータ。マーケティング会社などにより加工・整形され使いやすくなっています。

11章でも解説します。

*14

＋α プラスアルファ

KPI：重要業績評価指標
（Key Performance Indicator）

目標を達成するため，その達成度・到達度を計測・判断する定量的な指標のこと。

KGI：重要目標達成指標
（Key Goal Indicator）

達成したい最終目標値。KGIに対する達成プロセスをKPIで示します。

チームとして「いま，何がわかっているのか」「問題解決のため，さらに調べることは何か（必要な資料やリストは何か）」といった，チーム課題に対する分析技術（概要）と課題改善の内容を把握します。

　実際のチーム活動では，チームメンバーとして，役割分担などから効果的に役割を果たすこととなります。さらにこれをチームに持ちより，チーム全体の議論から，事実の確認と分析を行い「2.データ分析による改善を必要としている人々とは誰か」「3.データ分析技術の概要と課題改善の内容とは何か」を精査して，目標達成のプロセスをとりまとめてみましょう。

　なお，収集したデータの信頼性の確保や振り返り，説明責任のために，データの出典（書名や論文名，URL，発行年，著者など）は具体的に明記しておくことが必要となります。

〈③段階〉　コンセプトの発見

　ここでは，現状の把握からゴール達成のためのアイデア（解決策：仮説）を発見します。ここでいうゴール達成とは，前述（データ分析事例）のさらなる課題解決を意味しています。

　それでは，具体的にチーム活動を想定して，テンプレート（表10-1）を活用した（SDGs達成に向けた）コンセプトの発見を行ってみましょう。「調査からわかったこと」を課題として，前述「①の主題」と「②の課題」を踏まえ「1.SDGs達成に向けた課題は何か」「2.他の期待できる試みとは何か」「3.効果のありそうな施策案とは何か」といった項目ごとに検討を行います。とくに，前述②における判断指標（例：KGI，KPI）とデータ，分析結果から，課題解決の試みや効果のありそうな施策を，指標や数値を踏まえて考えてみましょう。

　なお，さらに踏み込むには，得られた上記コンセプトを検証するとよいでしょう。コンセプトの検証は，機能，形態，経済，時間の4視点から考察し，その実効性から採否を判断することとなります。実務に携わる際，新たな施策案の検証を上記4視点で考察することで，収集すべきデータや内容をもれがなく整理することができるとともにその適否や実効性を総合的・包括的に判断することが可能となります。

　これら特定の目的にともなうデータ収集と分析の課題を理解したうえで，自らのチームが解決したい課題の解決法（コンセプト）の候補の1つとします。つまり，チームとして「提案する解決策は何か」「なぜ提案する解決策は最もよいのか」を理解して分析することが重要です。チーム全体の議論からコンセプトの発見や理由付けが行われ取りまとめることが大切です。チーム内での議論において，データを踏まえた課題発見力や合意形成力，批判的思考力が問われます。

10-3-2 プレゼンテーションと振り返り

成果の発表（プレゼンテーション）*15 は，SDGs 解決のチーム活動，データ分析技術の概要と課題改善の理解を総括するものです。SDGs 提示を前提とした課題解決のプレゼンテーションと振り返りは次の2つの段階（④，⑤）となります。

〈④段階〉　プレゼンテーションと総括

発表では，前述①～③段階を項目別に説明するだけでなく，データ活用による SDGs 解決のプロセスや成果を論理的にあきらかとします。プレゼンテーションの基本は，活動内容を「（自ら）説明する」ことではなく，他者に届けることで「他者が受け取る」ことです。つまり，言葉だけでなく，グラフや図表，写真などを活用して，相手の理解を高める（活動情報を届け，相手がこれを受け取り理解する）ことが大切です。

それでは，具体的に発表のテンプレート（図 10-4）*16 を踏まえ，発表資料を作成しましょう。

まず，表紙は発表タイトルとチームメンバー全員（氏名）を記入します。タイトルは簡潔に，タイトルだけでチーム活動の目的や方向性が理解できるものとします。

続いて，データ分析技術把握の活動成果の発表を行うため，1ページ目に「なぜ“（この）SDGs”を選定したのか」，2ページ目に「データ分析による改善とその対象となる人々」を示します。伝えたい内容を簡潔に箇条書きとして，これを補完するため図表もつけます。

最後に，「調査からわかったこと」を示します。データ分析技術把握で理解した課題や課題解決法等を箇条書きに示します。

*15
＋α プラスアルファ
プレゼンテーションには時系列的発表と同時発表（ポスター発表）があります。

*16 **Web に Link**
図 10-4 の発表のテンプレートは実教出版 Web サイトと下記 QR コードからダウンロードできます。
第 10 章スライド「発表のテンプレート」

タイトル
例："SDGsターゲット"での
データ分析活用

リーダー	書記	メンバー	○○○○	○○○○	○○○○
○○○○	○○○○		○○○○	○○○○	○○○○

2031-Doo

表紙

なぜ"SDGsターゲット"を選定したか?
1. SDGs（主題）：
2. 選定理由：

（3. ゴールの設定）
活動の目的を明確化するため

関連する図表を挿入
※参照したHPアドレス等を記載

2031-Doo

1ページ目

データ分析による改善とその対象となる人々
1. 解決したい課題：
2. データ分析による改善を必要としている人々：
3. データ分析技術の概要と課題改善の内容：
  ・利用しているデータ（入力情報）
  ・具体的な分析技術（わかる範囲内で詳細に）
  ・どのような情報を提供し、改善に結びつけているか？（出力情報）
  ・（出力情報を提供する方法や可視化方法）

関連する図表を挿入
※参照したHPアドレス等を記載

2031-Doo

2ページ目

調査からわかったこと
1. SDGs達成に向けた課題

2. 他の期待できる試み

3. グループで考えた効果がありそうな施策案

2031-Doo

3ページ目

図 10-4　発表のテンプレート

〈⑤段階〉 振り返り

　成果の振り返りは，発表や質疑応答，総括，レポート作成によって行います。なかでも，発表に対する質問や質疑は，活動内容の結果や成果を引き出すことが目的となります。活動そのものをたたえ，結果や成果のよい点，すぐれた点を見出すことが重要です。発表そのものや質問によりそれまで把握していなかった成果の気付きを得るとともに，教員や他者からのアドバイスや総括からさらなる成果を確認してチーム全体で成果を共有します。

　レポート作成時，上記①～④段階を項目別に振り返るとともに，データ分析技術によるSDGs解決のプロセスや成果を論理的にあきらかとします。

10 4 SDGs 主題の PBL 型学習

*17
＋α プラスアルファ
　PBL：問題解決型学習
(Problem Based Learning
または Project Based
Learning)。
　従来型学習は，講義型学
習：SBL (Subject Based
Learning) と系統学習：LBL
(Lecture Based Learning)。

10-4-1 PBL*17 型学習の基本

　「データ分析は私たちの暮らしにどう活かされているか？」を課題として，SDGs 提示を前提とした課題解決の活動を実践してみましょう。PBL 型学習（授業）の基本（学習モジュール）は図 10-5 となります。活動目的は，（既知の）知識や情報を収集・活用する能力，課題を発見する能力などのスキルの涵養です。

　データ分析技術とオープンサイエンスの利活用を理解したメンバー（学生）に対し，ここではチーム（議論活性化のため 1 グループ 6 名以下推奨）学習による PBL 型学習を想定しています。学習時間は 90 分としていますが，さらに確保できる場合は学習モジュールの「展開部」を長く取ります。

		自宅など
予習		・データ分析技術とオープンサイエンス利活用の理解 ・SDGs（ゴール，ターゲット，ファクト）の理解
		教 室（HybridまたはHyFlex）
準備		・机の配置，ホワイトボード，模造紙，テンプレートなど
導入	0分	(O. 学習到達目標などの理解) 1. グループ分け／アイスブレークなど 2. 課題の提示
展開	10分	3. グループワーク1
		①SDGs（主題）の決定とゴールの確立
		4. グループワーク2
		②事実の収集と分析 ③コンセプトの発見
	40分	5. プレゼンテーションと総括
		④プレゼンテーションと総括
まとめ	70分	6. 振り返り
	90分	⑤振り返り

図 10-5　PBL 型学習の型（学習モジュール）例（90 分の例）

　講義型学習が教員主導で知識の伝達と定着を行うのに対し，PBL 型学習では，学生たち（チーム）が自ら問題解決に必要な学習内容を決めて，多様なアプローチから知識や能力を獲得します。教員やティーチングアシスタント（TA）はファシリテーターであり，チーム内議論が活性化するよう支援します。つまり，教員や TA は，正しい解答を示す立場から，チーム自ら学習や探求を行うための支援者となります。

　複数名のメンバーで活動を行う場合，活動目的を共有する「チーム」

として，メンバーが一体となることが大切です[18]。メンバーがそろう初期段階で，自己紹介などの「アイスブレイク」[19]や，リーダー（進行役）や書記などの役割分担（毎回，交代してもよい）などを活用して，統一した目的を有するチームとなりましょう。

10-4-2 PBL型学習の実践

　具体的にPBL型学習を実践しましょう（図10-6）。ここでは，教室内だけでなく遠隔（リモート，オンライン：ZoomやTeamsなど活用）メンバーも混合するハイブリッド型（Hybrid，またはHyFlex: Hybrid-Flexible）[20]での活動を想定しています。

　まず，活動の実施内容（時間配分を含む）と全体概要（ガイダンス）をチーム内で理解，共有します。

　続いて，グループワーク1を実施します。ここでは，グループとしての考えを引き出しまとめるリーダーと，グループの考えを適切な言葉に落とし込みファイルに記載する書記を選出します。あわせて，「①SDGs（主題）（選考理由を含む）」をチーム（例：Zoomのブレイクアウトルームの活用）で討議を行い決定します。SDGs決定に際し，単に興味があるからではなく，課題解決の当事者（自分ごと）として「自ら課題を解決したい」ことが重要です。つまり，主題背後のストーリーが実社会（とくに体験）による問題であり，チームで解決したいものとします。

*18
＋α　プラスアルファ
チームとなる仕掛け
1. 何のための活動か，目的を常に意識する。
2. 1人の人が議論を仕切らないよう，中立的な進行役（リーダー，ファシリテーター）を立てる。
3. メンバーがお互いを認め合う（リスペクトする）。
4. メンバーの意見は全員平等とする。
5. 一見重要ではない意見も残しておく。
6. 意見や議論内容で他人の人間性を否定しない。

*19
＋α　プラスアルファ
アイスブレイク
　メンバー間の緊張をときなごませるとともに，メンバーそれぞれが積極的にかかわるよう働きかける手法。自己紹介や簡単なゲームを行う。

図10-6　PBL型学習の実践例（90分×4コマでの例）

*20
+α プラスアルファ
　対面とオンライン学習の活用
用
ハイブリッド型学習（Hybrid Classroom）：教室または遠隔のどちらかで学習に参加して学習を行う。
　ブレンディッドラーニング（Blended Learning）：対面学習とオンデマンド型学習の両方を活用し学習を行う。

*21
+α プラスアルファ
　ファイル：Google スプレッドシートを活用することで，オンラインでのメンバー間のデータのやり取りや加筆，修正が随時行えます。書記だけでなく，メンバー全員の記入があるとよいです。

*22
+α プラスアルファ
　SNS：チームの自主的活動やコミュニケーション向上の場として活用します。Twitter，Facebook，LINE など。

　学習でのチーム内討議後は，全チームがクラス（全員参加の場）に復帰して（ブレイクアウトルームの解除），各リーダーが討議結果をクラス全体に報告します（各チーム：1分程度）。他のチームがSDGsのどのような理由で何を決定したのかを理解するとともに，自らのチーム活動内容の向上にフィードバックしましょう。なお，各チームの発表時，質問等はチャットに随時書き込み学習者全体で可視化して，教員などのフォローを得て解消していくこととなります。

　さらに，（10-3節で述べた）2つの段階（②～③）により，グループワーク2を実施します。それぞれの段階において，「調査，分析，推論，検証」を繰り返し行い，チームの議論の中で②，③それぞれで最適解を見出します。学習を効率的に行う**学習の足場（Scaffolding）**としてテンプレート（表10-1，図10-4）を活用し，討議メモはチーム内のスプレッドシートに随時記録します（活動と記録はセットとして，チーム活動に定着させましょう）[21]。なお，学習活動は学習時間内だけで収まらない場合が多くあり，SNSも有効に活用しながら[22]時間外やオンラインでのチーム活動を活性化させましょう。

　なお，時間が許せば，このPBL「展開部」においても，他のチーム活動状況を理解することがチーム活動を活性化する上で有意義となります。具体的には，「展開部」実施後（1時間後，2時間後など）適切な時期に，メンバー（例：6名）のうち1名は自らのチームの説明係として残り，他のメンバーが情報収集係として他チームの調査にまわります。一定の時間設定（説明時間5分間など）の中で，説明係は他チーム（複数の情報収集係）に対し自らのチーム活動状況を発表します。その後，自らのチームに戻った各情報収集係は，他チームのよい点，自チームに取り入れるべき点を説明してチームで共有し，自チームの活動内容をさらに向上させるため活用します。チーム間での情報共有や連携も課題発見や解決の仕掛けとなることも理解しましょう。

　課題「データ分析は私たちの暮らしにどう活かされているか？」を常に意識して，テンプレート活用からSDGs解決のデータや分析方法，成果を論理的にあきらかとしましょう。

　プレゼンテーションについて，課題に対する成果発表そのものと同様，チームとしての発表準備が大切となります。課題に対する答えはもちろん，効果的な発表方法はどういったものがよいかなどメンバー自身が考え，よりよい内容や方法をグループで作り上げていきましょう。ここでも活動と記録のセットから，チームおよび自己の自主的・能動的活動がスプレッドシートに表現され，教員や自己の高い評価を得ることとなります。

あなたがここで学んだこと

この章であなたが到達したのは，SDGs 解決の取り組みから

□情報（データ）の意味や価値を理解し，これを説明できる

□データ分析技術の概要と課題改善事例を説明できる

□データ分析技術の課題を発見しその解決例を説明できる

　本章では，私たちの身近な暮らしにデータやその分析がどのように活かされているのかを通して，数理・データサイエンス・人工知能に関する知識および技術の活用能力の意義や価値を学びました。他章でもさらに，データの収集や蓄積，分析，変換の価値や関心を高め，数理・データサイエンス・人工知能を活用する能力を向上していきましょう。

第 **5** 部

独自課題に向けた
ダッシュボード作成の
体験

5 —部 11 —章

データ収集の基礎

　デ ータの中には自分で一から作成しよう
とすると，ばくだいな費用や労力を要
するものが多くあります。たとえば，日本の
人口を自分で調査しようとすれば，ばくだい
な費用がかかるでしょう。必要なデータの規
模が大きかったり，調査方法が複雑にならざ
るをえなかったり，高価な施設が必要であっ
たりすると，個人でそれらのデータを収集す
るのは不可能なことが多いです。そのため，
何らかの目的に向けてデータをそろえようとするとき，とくに個人でそ
ろえることが困難なデータは，まず，世の中にあるデータをうまく再利
用できるかどうかを考えることが一般的だといえましょう。その一方で，
自分の目的に合わせてデータを再利用するためには一定の手間がかかる
ことが多いです。この章では世の中にあるデータを収集し再利用する技
術を扱います。データ再利用の技術を学ぶことで，実際に再利用を行っ
ていけば，再利用しやすいデータとはどうあるべきかが見えてくること
でしょう。そして，いつか，みなさんがデータを提供する側に立ったと
きには，再利用しやすさに気を配ってもらえればと思います。

●この章で学ぶことの概要

　この章では，すでに世の中にあるデータを収集し，再利用する方法を
学びます。まず，データの種類について学び，さらに，ウェブ上のデー
タの収集手法について学びます。また，収集したデータが目的に利用可
能か判断する手がかりとして，メタデータについて学びます。また，収
集したデータを再利用するために必要な前処理とそのおもな手法につい
て学びます。

●この章の到達目標

1. データの種類と収集方法について理解する
2. メタデータとは何かを理解する
3. データの前処理の必要性と大まかな手順について理解する

（ア）世の中にどんなデータがあり，どのように入手可能か調べておこう。

（イ）データのクリーニングについて調べておこう。

11 1 データの収集方法とメタデータ

11-1-1 データのさまざまな収集方法

みなさんが持つスマートフォンや PC の中には写真のデータが入っているかもしれません。それは，みなさんそれぞれが「綺麗な風景を再度見返したい」「誰かと会った記念にしたい」などそれぞれ目的があって，スマートフォンやデジタルカメラなどの手段で撮ったものでしょう。データも同じです。データがそこにある，ということは，誰かが何らかの目的をもって何らかの手段でそのデータを作ったということです。

何らかの目的にデータを収集する際，その目的のために新しく作り出されたデータは <u>1 次データ</u>（Primary Data）と呼ばれます。一方，すでに誰かが他の目的で作成したデータを再利用する場合，そのデータは <u>2 次データ</u>（Secondary Data）と呼ばれます。1 次データと 2 次データを利用するメリットとデメリットは以下のようになります。

1 次データ

メリット：目的に沿ったデータをそろえることができます。世の中にまだ存在しない新しい情報や知識を含むデータとなる可能性があります。

デメリット：データの作成に労力や費用が必要です。対象によっては，ばくだいな費用が必要になることも少なくありません。

2 次データ

メリット：データの作成に労力や費用がかかりません。

デメリット：他の目的のために作られたデータのため，そのままでは目的に合っていない部分があることがあります。また，データ作成時の詳細がわからない場合，正確さや信頼性が担保できないことがあります。オープンデータでない場合は，利用許諾が必要ですが，相当の費用を請求される場合や交換となる条件を契約で結ぶ必要がある場合もあります。

一般に，2 次データの利用許諾を得るための費用や条件，そして，データを目的に合わせて利用できるようにするためのデータ処理の労力は，1 次データの作成にかかる労力や費用よりも小さいことが多いです。1

次データは何もないところから始めてデータを作る必要があるからです。そのため，何らかの問題解決に向けてデータを収集する際には，多くの場合2次データで使えるものがないかさがすことから始めます。既存のデータで使えるものがないか，とくにオープンデータなど，公開されているデータに利用可能なものがないかさがします。また，公開されていなくとも，組織や個人が持っているデータに対し，費用を払いあるいは契約を結ぶことで利用可能になる場合もあります。

　2次データとして広く利用されることを目的として，オープンデータを始めとしたさまざまなデータが公開されています。とくにインターネットの技術普及にともない，多くのデータがインターネット経由で取得可能となっています。インターネットを経由してデータを取得する方法はおもに以下の方法があります。

ダウンロード

　データ提供者がインターネット上（FTP[*1]サイトなど）に置いたファイルを自分の計算機上に取得することを**ダウンロード（Download）**といいます。メリットとしては，そのデータ全体が欲しいとき，網羅的に取得することが可能な点にあります。一方，デメリットとして，データのごく一部が欲しくてもデータ全体のファイルしか用意されていない場合，データ全体をダウンロードする必要がある点があげられます。

Web API[*2] の利用

　Web API は，Web サイトの情報のやりとりの標準プロトコルである **HTTP（Hypertext Transfer Protocol）** を用いて，データを取得する仕組みです。利用者は HTTP リクエストと呼ばれる仕組みを用いて，Web API を提供するサーバに欲しい情報を求めると，HTTP レスポンスと呼ばれる仕組みを用いてサーバが求めに応じた情報を返します。この仕組みを利用して，必要なデータを必要なだけ取得することができます。メリットとしては，前述のように，データ全体が巨大で必要な部分がその一部である場合，必要な部分だけを切り出して取得することができる点です。デメリットとしては，取得したい部分がたくさんある場合，サーバに何度もデータの取得を求める通信を送る必要があります。データの取得を求める回数があまりに多いと，データの取得完了までに時間がかかるだけでなく，サーバに大きな負担がかかります。そのため，1秒間当たりのデータの取得回数に制限をかけているサーバもあります。

[*1]
　File Transfer Protocol の略で，ファイルの送受信のためのインターネットプロトコル。データファイルのダウンロードにはこのプロトコルが使われることも多いです。

[*2]
　API は Application Programming Interface の略称です。

スクレイピングの利用

　インターネット上で公開されているデータの中には Web ページの一部として埋め込まれた形でのみ公開されているものも少なくありません。そのようなデータをウェブページの中から切り出して，機械可読なデータに落とし込むことを**スクレイピング (Scraping)** といいます。比較的最近までスクレイピングはデータ利用者が対象となる Web ページの構造を解析し，プログラムを作成するやり方が主流でしたが，近年はほとんどプログラミングをすることなく，欲しいデータを Web ページから切り出せるツールが出てきました。Google Spreadsheet の IMPORTHTML 関数や Octoparse などが代表的なツールといえましょう。

　収集した 2 次データに必要なデータが欠けている場合，あるいは契約条件や信頼性などの問題で 2 次データが利用できない場合，自分で 1 次データを作成する必要があります。データの作成方針と作成手段によってデータは大きくいくつかの種類に分けることができます。その代表的なものをいくつかあげてみたいと思います。

調査データ

　個別の調査のために設計され，その設計に沿って収集されるデータを**調査データ**といいます。調査データの例として，政府統計，市場調査，アンケート調査によるデータなどがあります。

観測データ

　自然の現象を測定することによって得られたデータを**観測データ**といいます。観測データの例として，天体観測データ，気象観測データなどがあります。

実験データ

　仮説の検証を行うため，仮説以外の条件を同じにしたサンプルを作成し，観察し収集したデータを**実験データ**といいます。実験データはサンプル間比較によって原因の究明を行うことに用いられます。

11-1-2 メタデータ

　宇佐美圭司（1940 – 2012 年）は戦後日本を代表する画家の 1 人であり，その作品は東京国立近代美術館を始めとする美術館に収められています。1977 年より東京大学中央食堂には彼の代表的作品の 1 つである「きずな」が飾られていました。東京大学中央食堂では 2017 年から 2018 年の初めにかけて改修工事が行われました。リニューアルオープン後に作

品が飾られていないことに気がついた利用者が生協へ問い合わせしたところ，「処分しました」との返答でした。つまり，ゴミとして捨てられてしまったわけです。同じ画家のある作品は美術館に大切に収められ，別の作品はゴミとして処分されてしまう。この差はどこからきたのでしょう。それは，作品の価値や意味を情報として作品に紐づけているかどうかによるといってよいでしょう。もし，処分されてしまった作品のすぐそばに「宇佐美圭司作，タイトル：きずな，宇佐美圭司は戦後日本を代表する画家であり，この作品は…」などと第三者に価値がわかるような情報をのせたプレートをつけておけば，処分されることはなかったでしょう。

　データについても同じことです。データそのものだけでは，データを作った本人しか意味も使い方もわからなくなってしまいがちです。また，どのようにそのデータを作成したのかという情報がなければ，データの信頼性もわからなくなります。これでは，データを第三者が2次データとして利用することができません。第三者にわかるようなデータの意味や信頼性を担保するための説明書が必要です。

　たとえば，図11-1の(1)のデータを見ても，これだけで1列目の数字が何で2列目の数字が何かわかる人はいないでしょう。(2)を見ると，1列目の数字と2列目の数字の意味はわかりますが，これを何らかの目的でデータ分析するときの2次データの一部として用いるには情報が少なすぎます。(3)で付け加えられた情報を見れば，目的によっては他のデータと共に使うことができるでしょう。(2)で付け加えられた1行目のデータ，(3)で付け加えられたデータについての説明，これらを<u>メタデータ</u>(<u>Metadata</u>)といいます。とくに，(2)で付け加えられたデータは<u>**スキーマ**</u>(<u>**Schema**</u>)と呼ばれ，データの構造を表しています。

(1)			(2)		(3)	
			社員番号	年齢	社員番号	年齢
1357	32		1357	32	1357	32
2824	37		2824	37	2824	37
0587	56		0587	56	0587	56
3226	23		3226	23	3226	23
2684	28		2684	28	2684	28

会社名：A株式会社
所在地：東京都
業種：製造業
調査日：2021年7月1日

▌図11-1　データとメタデータ

　さて，メタデータはデータを第三者が適切に扱うために，データにつけられたデータの説明書ということなので，第三者が読んで意味や内容を理解できる形式でなければなりません。また，データの作成者がそれ

ぞれ好き勝手な形式でメタデータをつけると，メタデータを計算機で利用することが難しくなります。そこで，メタデータには標準化が求められます。ここで，いくつか標準化されたメタデータの例を紹介したいと思います。

図書館用書誌メタデータ MARC21

MARC21 は図書館に収蔵されている書誌のメタデータを機械可読な形で提供するための国際標準フォーマットです。ちなみに MARC は MAchine Readable Cataloging の略です。日本では MARC21 に準拠した JAPAN/MARC MARC21 フォーマットを国立国会図書館が定めており，仕様を公開しています[*3]。これに従った情報を各図書館が持つことにより，図書館横断的な検索が可能になり，図書館ごとの蔵書状況がわかるため，図書館同士の連携が進むと同時に，利用者へのサービスも広げることが可能となっています。

*3
https://www.ndl.go.jp/jp/data/JAPANMARC_MARC21manual_A_202101.pdf
（2021 年 11 月 3 日閲覧）

ウェブ検索用メタデータ Schema.org

Schema.org はウェブページにそのページのメタデータを埋め込むための語彙と表記方法を定めたものです。Schema.org の策定には，検索エンジン大手の Google, Yahoo!, Microsoft (Bing) が関与しています。Schema.org を利用してウェブページの HTML ファイルにメタデータを埋め込むことで，ウェブページがいつ誰によって作成され，そのウェブページにはどのような内容が書かれているのかを検索エンジンが知ることができます。これにより検索精度が向上するだけでなく，検索エンジンが検索結果をより適切に表示することができます。

デジタル写真用メタデータ Exif

Exif (Exchangeable image file format) はデジタル写真のメタデータを記述するフォーマットです。みなさんがスマートフォンやデジタルカメラで撮った写真には，メタデータとして自動的に Exif がつくようになっています。Exif には撮影日時，撮影機器の情報，撮影時のシャッタースピードやしぼりなどの撮影条件の情報，そして，GPS 付きのカメラの場合，撮影位置の情報が記録されます。Exif の情報を見たい場合，たとえば Windows の PC であれば，その写真ファイルのプロパティの詳細タブから内容を確認することができます（図 11−2）。Exif に記述された情報は撮影者にとっては，写真の整理時やプリント時にはとても有用な情報です。しかし，位置情報などプライバシーの面で取り扱いに注意が必要な情報を含んでいます。そのため，不特定多数によって見られる場所に Exif 付きの写真を掲載することには慎重にな

らなければなりません。そのため，Instagram や Twitter は利用者が
写真のアップロードする際に自動的に Exif を写真から取り除く処理を
行っています。

図 11 - 2　デジタル写真に付けられた Exif データ

11-2-1 データクリーニング

　ある目的に沿って，データを収集しても，それらのデータがそのまま分析に利用できることはほとんどありません。まず，分析をするデータ形式を決め，その形式に沿ってデータを構成し直す必要があります。また，メタデータをチェックして，データの取り方が目的に沿わない部分や信頼性の低い部分を取り除く作業も必要です。さらに，11-2-2項で扱う，同義語・多義語への対応も必要です。こういった作業を**データクリーニング**(Data cleaning)といいます。データ分析によく利用される形式の1つとして**表形式**(Tabular format)があります。この節では表形式を例にデータを構成し直す方法について述べていきます。表形式はテーブル形式とも呼ばれます。

　表形式はデータを垂直方向の**列**(Column)と水平方向の**行**(Row)で表したものです(図11-3)。各列を**属性**(Attribute)と呼び，1行目に書かれた「名前」「年齢」「固定電話の電話番号」をそれぞれその列の**属性名**(Attribute name)といいます。2行目以降では各列に1つずつ値が入ります。値の種類は属性ごとに決まっています。たとえば，属性名が「名前」の列には文字列が入ります。属性名が「年齢」の列には正の整数が入るでしょう。属性ごとに決まったデータの種類を，その属性の**データ型**(Data type)といいます。

	列	
名前	年齢	固定電話の電話番号
大田夏美	22	03－xxxx－0000
橋本裕人	17	04x－000－xxxx
堀　明子	36	

行

図11-3　表形式データ

　データ型にはさまざまな種類のものがありますが，典型的な型としては「**文字列型**(String type)」と「**数値型**(Numeric type)」があります。大きな違いとして「数値型」は計算を前提とした型ということです。「名前」は文字列型，「年齢」は数値型です。では「固定電話の電話番号」はどうでしょう。電話番号は数字だけで表すことも可能ですので，その数字に対して足し算や引き算などの計算をすることができます。しかし，その計算した数字には何の意味もありません。年齢の場合，たとえば，全員の年齢を足して人数で割ることで平均年齢を計算したり，ある人の年齢から別の人の年齢を引き算することで年齢差を計算したりで

きます。したがって，ある属性のデータ型が数値型であるかどうかは，数字だけが入っているかどうかだけでなく，計算することに意味があるかどうかを吟味して決める必要があります。

　逆に数値以外の文字が含まれている値が入っている列について，計算することに意味がある場合，その値は数値に直す必要がある場合があります。典型的な場合は，数値に単位が付いている場合です。年齢の場合，「22歳」と単位が付いていると，そのままでは数値として扱うことができません。こういう場合，単位を削って数値型にする必要があります。とくに，「cm」と「m」が混在しているなど，複数の単位が1つの列で使われている場合は，どれかの単位に統一したうえで数値型にすることに注意してください。

　また，気を付けなければいけない点として，**欠損値（Missing value）**の扱いがあります。図11-3のデータでは「堀明子」の行の「固定電話の電話番号」が空欄になっています。このような空欄の値を欠損値あるいは**NULL値**と呼びます。データに欠損値ができるのはおもに2つの場合があります。1つはその値が知られていない場合，もう1つはそもそもその値が存在しない場合です。「固定電話の電話番号」の例では，「堀明子」の名前の人が固定電話を持っているけれど電話番号はわからない場合と，そもそも固定電話を持っていないので電話番号が存在しない場合に相当します。このデータを使って固定電話の所持率を計算しようとすると，欠損値がどちらの場合に相当するかによって，結果が変わってきます。空欄のかわりに「所持しているが番号不明」「所持していない」を表す値を入れることができれば，データ分析の目的によっては空欄のままであるより有用になるでしょう。また，「値があることはわかっているが知られていない」場合は，他のデータの中にその値が入っている可能性があります。他のデータにその値があった場合，それを用いて欠損値を補うことが可能です。

　表形式データとして正しい形式にすることも重要です。1行目は属性名を書くこと，2行目以降は1つの列に1つだけ値を入れることを守るようにしてください。2つ以上の値が1つの列に入っている行があれば，その行を複数行に分けるか，別の表を作るなどの処理をして，必ず1つの値しか入らないように設計します。表形式データの場合，データの説明としてのメタデータをデータ内に記述できないので，別ファイルにします。公開されている表形式データの中にはメタデータを最初の何行かを使って記述し，そのあとの行から属性名の行が始まっているものも少なくありません。そのようなデータは冒頭のメタデータを削って別ファイルに保存し，属性名の行が1行目に来るよう編集してください。また，最後のほうの行に平均値や合計が書かれている場合があります。

これを放置すると，全体の値の計算にこれらの値が組み込まれてしまい，分析ができなくなりますので削除するようにしてください。

11-2-2 同義語・多義語への対応

　収集したデータを正しい表形式データにしたあと，それらを組み合わせてさまざまな切り口からデータ分析を行うことが一般的です。1つの切り口からのデータ分析ごとに，その分析に必要なデータを一時的に1つの表形式データにしたほうが便利です。たとえば，国別総人口の表形式データと国別GDPの表形式データがあり，国の総人口とGDPの関係を見ようとした場合，国別総人口とGDPが載った1つの表形式データを作ると便利であることがわかると思います（図11-4）。複数の表形式データから1つの表形式データを作ることを**結合（Join）**といいます。結合にはいくつかの種類がありますが，表形式データをつなぐ属性名をそれぞれのデータから1つずつ選び，その値が同じ行を1つの行にまとめるという点は共通しています。たとえば，国別総人口の表形式データと国別GDPの表形式データの2つの表形式データの場合は，図11-4の中国の例のように，国別総人口の「国名・地域名」と国別GDPの「国名」の値が同じ行を1つにするとよいでしょう。

国別総人口

国名・地域名	総人口 （×1000人） 「2019年」
中国	1441860
インド	1366418
アメリカ	329065
インドネシア	270626
パキスタン	216565

国別GDP

国名	GDP(2019)
米国	21433225
中国	14731806
日本	5079916
ドイツ	3861550
インド	2868930

国別総人口の「国名・地域名」と
国別GDPの「国名」が同じ列を
1つの列に合わせる

国別総人口とGDP

国名・地域名	総人口 （×1000人） 「2019年」	GDP(2019)
中国	1441860	14731806
インド	1366418	2868930
アメリカ	329065	
インドネシア	270626	1120141
パキスタン	216565	276114

図11-4　国別総人口の表形式データと国別GDPの表形式データの結合

　さて，ここで，図11-4の結合後の表形式データを見ると，アメリカのGDPの欄が空欄になっています。なぜだかわかりますか。それは国別総人口の表形式データでは「アメリカ」という値が国名・地域名の列に入っているのに対し，国別GDPでは「米国」という値が国名に入っており，この2つが別のものとして扱われてしまったからです。このように，同じ意味であるが文字列としてまったく異なる値を持つ単語を**同義語（Synonym）**と呼びます。同じ意味で文字列としても似ているが異なる値が入っている場合もあります。たとえば，住所で「東京都千代田区丸の内1丁目1-1」と「東京都千代田区丸の内1-1-1」は似

ていますが，違う文字列のため，結合時に違う値と判断されます。「ねこ」「ネコ」「猫」のようにひらがな，カタカナ，漢字で書かれた場合も同様です。このように同じ意味で，文字列としても似ているが，異なる値が入っていることを，**表記ゆれ**(**Notation variability**)と呼びます。

　一方，文字列として同じであるが異なる値を持つ単語を**多義語**(**Polyseme**)といいます。たとえば，同姓同名の別人についてデータがあったとして，氏名で結合を行うと別人同士のデータがまるで同じ人のデータであるかのように利用されてしまいます。

　このように，同義語や多義語がデータに入ったままであると，正しい分析ができません。そのため，データ分析を行う前に，収集したデータ全体に同義語や多義語をなくす処理を行います。

　同義語をなくすためには，収集したデータの中で使う語彙を決めてしまい，すべてのデータをそれに合わせることによってできます。たとえば，収集したデータでは「アメリカ」を使うと決めたとしたら，「アメリカ」と同じ意味を持つ語，たとえば「米国」「US」などを「アメリカ」に書き換えます。表記ゆれに関しても，基本的な考え方は同じです。たとえば，住所の場合，どのように表記するかを決めて，すべての住所をその表記方法で書き直します。

　多義語をなくすのは，同義語をなくすことより難しいです。なぜなら，その語が指す可能性があるものの中で，データの中で実際に指しているものはどれか，特定することが難しいからです。たとえば，同姓同名が沢山いる名前が入ったデータを利用する場合，同じ人か別の人か判別することは，周辺情報を使って注意深く行う必要があります。しかし，周辺情報を用いても，最終的に同じ人か別の人か判別できない場合もあります。多義語をなくせない場合，収集したデータ全体に悪影響をおよぼしかねず，多義語が入ったデータは削除するか，誤りを含んだ可能性を承知のうえで利用するか，ということになります。

　収集して利用する側では多義語解消が困難なため，多義語になりやすい種類のデータは，データを作成する人が作成時に多義語を解消しておくことが望ましいといえます。とくに科学において多義性の入ったデータ解析は結果の信頼性を失わせます。第8章で紹介したオープンサイエンスのFAIR原則での「グローバルに一意で永続的な識別子」は多義性の解消にも役に立ちます。繰り返しになりますが，グローバルに一意というのは，このデータに識別子として付けられた文字列が世界のどのデータとも重複しないことを指すので，違う意味のものには違う識別子がつくため，同じ意味か違う意味か識別子を見ればわかります。たとえば，科学の世界では，研究の発表者を表す「グローバルに一意で永続的な識別子」としてORCIDと呼ばれる識別子が利用されています。

この識別子が一般的になる前は科学の世界でも同姓同名が問題となっていましたが，いまでは多くの学会や学術雑誌がORCIDを採用しており，研究発表者データの多義性解消に役立っています。

Webで力だめし

実教出版Webサイト（https://www.jikkyo.co.jp/）の本書の紹介ページから，Webテストページへリンクがあります。学習の確認などにご活用ください*4。

*4
第11章Web（確認）テスト

あなたがここで学んだこと

この章であなたが到達したのは
- □ 1次データ，2次データを説明でき，2次データの収集方法についてその特徴を説明できる
- □ メタデータについて説明できる
- □ データクリーニングを始めとしたデータの前処理方法についてその特徴をそれぞれ説明できる

この章では，おもに2次データの収集と利用に必要な知識を学びました。今後，データの量と種類がますます増えていくと，データ収集も前処理も，よりコストと労力がかかる作業となっていくと思われます。そこで，データのカタログ化，再利用性を見据えた語彙の標準化やグローバルに一意で永続的な識別子の利用など，データの収集や前処理を少しでも楽にしようとする動きが高まっています。

5 —部 12 —章

データ収集演習

　行政にかぎらず，金融・保険，健康・医療，気象・防災など，社会のあらゆる分野でデータが扱われており，これらを効果的に利活用することでさらなる発展を世界や地域が目指す状況です。なかでもオープンデータへの国際的な取組により，多様な課題の発見と解決，経済の活性化，企業活動の高度化・効率化等が期待されています。

　　　　　　　　データ活用を前提として，どのようにデータを収集するのかが求められています。そこには「必要なデータ」と「必要でないデータ」に対する判断「利活用できるデータ」と「利活用できないデータ」に対する判断が求められます。つまり，データ活用の目的を踏まえ，必要なものを利活用できる状態で，データの収集を行いましょう。

　ここで大切なことは，データ収集における知識や理解だけでなく，データ収集の応用や分析ができることです。つまり，データ収集において，特定の具体的な状況で実行できるか，データの相互関係や関連付け，全体構造や目的との関連性を判断できるか，の能力が問われます。

●この章で学ぶことの概要

　オープンデータへの取り組みに対し，データを利活用することで公共の利益やビジネスの活性化など社会の可能性が広がることを理解しましょう。データの利活用には正しいデータ収集が求められます。本章では，課題の選定としぼり込みを実行し，データの探索的解析の実践を通して，データ収集能力の獲得を目指します。

●この章の到達目標

1. 必要なデータの意味や価値を理解し，これを説明できる
2. 利活用できるデータの意味や価値を理解し，これを説明できる
3. データ収集の課題を発見し，その解決ができる

（ア）居住地（自治体）について，次のことを調べてみよう。

    1.　オープンデータを公開しているか

    2.　どのようなデータをオープンデータとして公開しているか

    3.　オープンデータは活用されているか

（イ）居住地（自治体）の状況を調べてみよう。

    1.　子育てのしやすさ

    2.　高齢者へのやさしさ

    3.　子どもや女性へのやさしさ

12 1　課題の選定としぼり込み

12-1-1　データ収集の基礎

*1
＋α プラスアルファ
　ブレーンストーミング（ブレスト：Brainstorming）
複数のメンバーでアイデアを出し合い生み出す方法。他人のアイデアから触発・連想して新しいアイデアを生み出します。

*2
＋α プラスアルファ
　フレームワーク活用によるデータ収集
　メリット：情報の収集と整理の早期化が図れて思考が拡大できます。MECE※に応えることとなります。
　デメリット：フレームワークがすべてと固執して思考停止となる場合があります。

※ MECE（ミッシー）：モレなく，ダブリなく，物事を網羅すること。
Mutually Exclusive and Collectively Exhaustive

*3
＋α プラスアルファ
　KJ法（KJとは考案した川喜田二郎氏の頭文字）
　情報をカード（付箋）に書き，同じ系統の付箋をグループ化と図解化して整理・分析する方法です。

　データ収集において「何のためにデータを収集するのか」目的（ゴール）を確立することが大切です。データを必要とする理由，分析したい理由を具体的に示すことで，必要なデータの内容やその質，量が変化します。ゴールが曖昧なままでデータ収集を始めると「必要なデータ」だけでなく「必要でないデータ」も時間とコストをかけて収集しがちです。明確なゴールを定め関係者（チーム）に明示することで，必要なデータを判断しましょう。

　データ収集の方法には，（Webを含む）資料調査やアンケート調査，インタビュー調査，ブレーンストーミング[*1]などがあります。

　データ収集後の整理方法には，フレームワーク（マトリックス）[*2] を使う方法とこれを使わない方法があります。前者には，PMI分析，KWLシート，SWOT分析，3C分析，プロブレムシーキング，5 FORCES，バリューチェーン分析などがあり，後者には，KJ法，コンセプトマップ，曼荼羅などがあります。

　必要なデータに応じて，データの収集法と整理法とを選択することとなります。

12-1-2　課題の選定としぼり込み

　それでは，課題（トピック）の選定としぼり込み（アイデア出し）において，ブレーンストーミングにより情報（データ）を収集し，KJ法[*3]により整理・しぼり込みをしましょう。Google Jamboard（図12-1）などを活用して情報を収集・整理して可視化します。

　ここでは，SDGs（Sustainable Development Goals）のターゲットが抱える課題についてチームメンバーから意見を集め（トピックの選定），

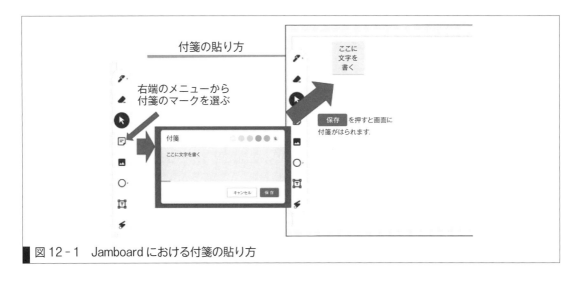

図12-1　Jamboardにおける付箋の貼り方

それらを整理する（トピックのしぼり込み）手順について説明します。

①ブレーンストーミングによるトピックの選定[*4]

　まず「SDGsターゲット」の課題に対し，チームメンバーそれぞれがアイデア（データ）を出し合います。

　具体的には，リーダーがメンバーに対し順番に「どの問題に興味がありますか」と質問し，1人1つずつアイデアを出してもらいます。そして，書記係がアイデアを付箋に書き，スペースにどんどん貼っていきます（図12-1）。アイデアを付箋に書く際，できるだけ文章ではなく（長くならないよう，簡潔な）単語や熟語で書き，アイデアを出したメンバーの氏名を併記しない（アイデアと発言者とをリンクさせない）ことが大切です（1巡目のアイデア出し）。

　続いて，さらに新しいアイデアを出していきます。これまでにないアイデアだけでなく，すでに出たアイデアを結合させて新しいアイデアを生み出すことも推奨されます。一定の時間（例：20分など）が設定されており，頭を振りしぼって2巡目，3巡目と多く（質より量）のアイデアを出していきます。

② KJ法によるトピックのしぼり込み

　ブレストにより抽出された，多くのアイデアを，KJ法を用いて，整理，分析しましょう（図12-2）。

　まず，アイデアの整理です。ランダムに貼られた付箋に対し，その内容や意図を踏まえ，似ている付箋同士を近くに貼り直し小グループを作ります。なお，似ていない付箋は，それがたとえ1枚であってもグループ化せずに独立したままとします。なお，小グループそれぞれに対し，グループを表現する名札（表札）をつけます。さらに，小グループの内

[*4] ＋α プラスアルファ
　ブレーンストーミング（ブレスト）でのアイデア出し
1. とにかくアイデアを多く出す（量が大切）。思いつくまま，良し悪しは考えない。
2. 自由にのびのびと発言する（こんなことを言えば笑われる？の考えは捨てる。一見奇抜なアイデアから得られるものが多い）。
3. 他の人のアイデアを否定／批判しない。
4. 複数のアイデアを結合し発展させる（アイデア同士をくっつけることで，新しいアイデアを生み出す。他のアイデアに便乗する）。
5. メンバーの意見は全員平等とする（アイデアと発言者とをリンクさせない）。

容や意図を踏まえ，似ている小グループ同士で新しい中グループを作ります。これらグループに対しても，グループを表現する表札をつけます。

続いて，論理的な配置（図解化）を行います。グループの表札同士を俯瞰し，グループ同士（グループ間）の配置を再検討します。つまり，グループ間の関係性に対し，原因・結果，反対・対立，類似・相互，影響などを実線や破線，矢印，等号などとともに文章化して加筆し，これにともないグループ同士の空間配置の修正も行います。

最後に，図解化した関係性（トピックのアイデア）を文章化して書き込み，トピックのしぼり込みをしましょう。

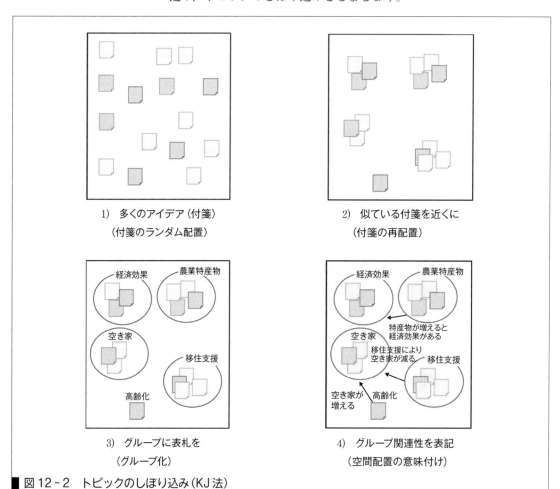

1) 多くのアイデア（付箋）
（付箋のランダム配置）

2) 似ている付箋を近くに
（付箋の再配置）

3) グループに表札を
（グループ化）

4) グループ関連性を表記
（空間配置の意味付け）

図 12-2 トピックのしぼり込み（KJ 法）

12 2 データの探索的解析

12-2-1 データ収集の前提条件

データ収集において，データの必要性や分析したい理由とあわせて，利活用できるデータを取得することが大切です。つまり，人間と機械（コンピュータ）では，読み取り可能なデータの形式が異なることを理解したうえで「コンピュータが読み取りやすい（機械可読性）データ」を取得し収集しましょう。

オープンデータ化にともない，公開データの2次利用ができる，保管データをオープンデータとして整備できるために，機械判読に適したファイル形式やデータ作成方法を理解しましょう。

収集したデータを編集・加工，分析できることで，新しいビジネスを創出し企業などの活動の効率化や高度化が図られます。何より，データ公開側（国や自治体，企業など）に対する透明性や信頼性が高まり，利活用側とのデータ共有から協働でサービスの向上や高度化が図られることとなります。

12-2-2 データの探索的解析

前節でのトピックのしぼり込みを前提とし，選んだトピックに関係するデータを収集してみましょう。

まず，データの探索先はたとえば，
- ・政府統計の総合窓口（e-Stat）：各府省・自治体のオープンデータ
- ・Wikipedia で引用されているデータ
- ・Wikipedia 内の表
- ・Web 検索で抽出された記事内の表

などです。目的を踏まえ，トピックに関係するデータを調査します。

続いて，得られたデータを正しい表形式データ（機械可読性）に加工して「1シート1表形式データ」となるように書き込みましょう（Google Classroom などを活用し，事前に作業シートから表形式データシートを確保しておくのも有効です）。具体的に表形式データでは，

1) 1行目は属性を入力します。
2) 2行目からデータを入力します。

データ入力の際，数値に単位が付属しているものは単位をそろえたうえで（単位を取り除き）数値のみとします。注釈やコメントなども取り除きます。

なお，オープンデータの表において，項目が大項目，中項目，小項目

調査表上部（e-Stat「空き家所有者実態調査」より）

	総数	大都市圏 市部	大都市圏 郡部	大都市圏以外 市部	大都市圏以外 郡部	不詳
総数	3,912	1,245	129	2,122	397	19
建て方　一戸建	3,507	1,024	123	1,972	375	13
長屋建（テラスハウスなど）	135	76	2	49	8	0
共同住宅（アパート・マンションなど）	250	140	4	90	14	2
不詳	20	5	0	11	0	4
構造　　木造	3,362	989	106	1,898	359	10
鉄骨造	212	77	13	101	18	3
鉄筋コンクリート造	265	154	7	90	13	1
その他	36	12	2	18	4	0
不詳	37	13	1	15	3	5
建築時期　昭和25年以前	696	184	23	423	66	0
昭和26〜45年	950	284	30	543	91	2

中項目「建て方」データ（公開データ：小項目「一戸建」等4項目）

	総数	大都市圏 市部	大都市圏 郡部	大都市圏以外 市部	大都市圏以外 郡部	不詳
建て方　一戸建	3,507	1,024	123	1,972	375	13
長屋建（テラスハウスなど）	135	76	2	49	8	0
共同住宅（アパート・マンションなど）	250	140	4	90	14	2
不詳	20	5	0	11	0	4

正しい表形式データ（抽出データ：小項目で"表形式"を完成）

建て方	総数	大都市圏 市部	大都市圏 郡部	大都市圏以外 市部	大都市圏以外 郡部	不詳
一戸建	3,507	1,024	123	1,972	375	13
長屋建（テラスハウスなど）	135	76	2	49	8	0
共同住宅（アパート・マンションなど）	250	140	4	90	14	2
不詳	20	5	0	11	0	4

← 1行目：属性
← 2行目以降：データ

図12-3　項目が大項目，中項目，小項目で整理されているデータの整形例

で整理されている場合が多くあり，目的を踏まえ正しい表形式（ここでは小項目で構成）を整えましょう（図12-3）。

　表形式データへの整形によって削除された単位や注釈，コメントはオリジナルデータにも残っていますが，別途「メタデータ」のシートを作成し，まとめておくと有用です。単位などは属性名に追記しておくと可視化したときにわかりやすいでしょう。

　チーム活動では，メンバーの役割と責務が大切となります。リーダーはデータ収集方針の議論を活性化させこれをとりまとめるとともに，各メンバーに作業役割を割り振ってチームとして分担しましょう。書記係は議論した内容（目的やトピック，メンバーの作業分担など）を議事録に記録しましょう。

12 3 データ収集演習

この節では以下の3つのデータ収集方法をGoogleスプレッドシート（以下，スプレッドシート）やWikidataなどを使って実施・体験してみましょう[5]。

1. ダウンロードサイトのデータファイルを利用する
2. Web APIという仕組みを使って，データを入手する
3. Webページを加工して機械可読データに変換する

12-3-1 ダウンロードサイトからデータをダウンロードする
データファイルのダウンロード

用意されたデータを丸ごとダウンロードする方法です。e-Statでは日本の政府統計の情報をまとめて公開しており，さまざまな種類の政府統計情報を手に入れることができます。ここでは，e-Statから日本の世帯数と世帯人員の年次ごとのデータをダウンロードしてみます。

① インターネットブラウザを使ってe-Stat（https://www.e-stat. go.jp/）にアクセスします（図12-4）。

図12-4　政府統計の総合窓口（https://www.e-stat.go.jp/）

② 「キーワード検索：」の空欄に「世帯数　世帯人員」と記載して検索ボタンをクリックします（図12-4）。

③ 検索結果が表示されたら，政府統計名の列から「国民生活基礎調査」をクリックします（図12-5）。

図12-5　検索結果（https://www.e-stat.go.jp/）

*5　Webにリンク

データ収集演習に使用する資料を実教出版Webサイトの本書の紹介ページと下記QRコードからダウンロードできます。
第12章と第14章で使用する演習シート「データ収集演習」

図 12 - 6　最新のファイルを選択（https://www.e-stat.go.jp/）

図 12 - 7　目的のファイルを選択（https://www.e-stat.go.jp/）

④　最上段にある最新のファイルをクリックします（図 12 - 6）。

⑤　日本全体（全国編）の世帯に関する年次ごとのデータを利用した
　いので，該当するファイルをクリックします（図 12 - 7）。

⑥　「世帯数—構成割合，世帯人員・年次別」の <u>CSV</u> ファイルをク
　リックしてダウンロードします（図 12 - 8）。

図 12 - 8　CSV ファイルをダウンロード（https://www.e-stat.go.jp/）

ダウンロードしたデータを確認する

　h1001.csv というファイルがダウンロードフォルダにあることを確認
してください。MS Excel やメモ帳などのアプリケーションでもファ
イルを開くことができますが，今回はスプレッドシートの「データ収集
演習」（図 12 - 9）にアップロード（インポート）して見てみます。

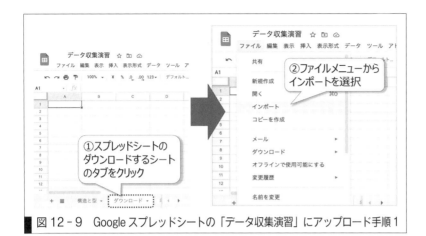

図 12 - 9　Google スプレッドシートの「データ収集演習」にアップロード手順1

① 左下のタブを見て「ダウンロード」が選ばれていることを確認し
てください（図 12 - 9 左）。

② スプレッドシートの「ファイル」メニューからインポートを選び
ます（図 12 - 9 右）。

③ ポップアップしたウインドウの「アップロード」をクリックし，
h1001.csv をアップロードしてください（図 12 - 10）。

図 12 - 10　Google スプレッドシートの「データ収集演習」にアップロード手順2

④ ポップアップした「ファイルをインポート」のウインドウで，イ
ンポート場所として「現在のシートに追加する」，区切り文字の種
類として「カンマ」を選択して「データをインポート」をクリック
します（図 12 - 11）。

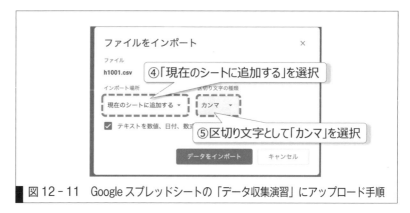

④「現在のシートに追加する」を選択

⑤区切り文字として「カンマ」を選択

図 12 - 11 Google スプレッドシートの「データ収集演習」にアップロード手順

⑤　図 12 - 12 のようにファイルの内容を見ることができます。

	A	B	C	D	E	F	G	H
1	2019(令和元)年	国民生活基礎調査						
2	1世帯票　第0	世帯数-構成割合, 世帯人員・年次別						
3	注：1）昭和41〜45年は，世帯人員8人以上の世帯数を一括し，同46年以降は，世帯人員6人以上の世帯数を一括している。							
4	2）平成7年の数値は，兵庫県を除いたものである。							
5	3）平成23年の数値は，岩手県，宮城県及び福島県を除いたものである。							
6	4）平成24年の数値は，福島県を除いたものである。							
7	5）平成28年の数値は，熊本県を除いたものである。							
8	年次	総　　数	1人世帯	2人世帯	3人世帯	4人世帯	5人世帯	6人世帯
9								
10	推計数（単位：千世帯）							
11	1953(昭和28)年	17180	988	1588	2350	2778	2792	240
12	54(　29)	17337	1566	1633	2303	2710	2751	233
13	55(　30)	18963	2040	1772	2493	2932	2997	253
14	56(　31)	19823	2520	1911	2629	3056	3076	258
15	57(　32)	20704	3140	1983	2689	3171	3201	263
16	58(　33)	21310	3476	2102	2773	3326	3310	264
17	59(　34)	21724	3435	2215	2890	3542	3424	266

図 12 - 12 Google スプレッドシートの「データ収集演習」にアップロードした内容の確認

　　　以上の操作で日本の世帯数と世帯人員の年次ごとのデータを見ること
ができました。しかし，このままでは表形式データとして，いくつも問
題があるデータとなっています。何が問題かわかりますか？　ここでは
4つの問題点を指摘したいと思います。

　　問題点 1. データについての説明がデータファイルの中に書かれてい
ます（1行目から7行目，10行目）。

　　なぜこれが問題になるかというと，コンピュータにはどこまでが説明
で，どこからがデータかわからないので，データをそのまま利用できな
いからです。このような場合には人間が説明部分を削除してコンピュー
タが利用できるようにする必要があります。一般に CSV ファイルの場
合，データについての説明はデータと別のファイルに書くことになって
います。

　　問題点 2. 年次の書き方が統一されていない（11行目「1953（昭和
28）年」 12行目「54（ 29）」）

　　データが始まる11行目にだけ「昭和」の年号や「年」の単位が書か
れていて，それ以降の行では省略されています。これはコンピュータに

は理解できません。

問題点 3. 年次の書き方が数値型として扱えない形式になっています。（11 行目「1953（昭和 28）年」 12 行目「54（ 29）」）

西暦と年号が併記されていますが，これではコンピュータは数値型として判断／利用することができません。ここではデータ期間中に値が戻ったりしない西暦に変更するのが一般的です。年号が重要なデータになる場合は別途年号の列を追加してもよいでしょう。

問題点 4. 別の表形式データが追加されている。（78 行目以降）

表をスクロールして 78 行目以降を見てみると，それまでとは違うデータがあることに気づきます。つまり，1 つのデータファイルに 2 つの表形式データが入っている状態になっていることがわかります。78 行目以降のデータは今回利用しませんので，削除しましょう。

ダウンロードしたデータのクリーニング

このようなコンピュータが利用するには問題のあるデータから不要な情報を削除したり加工する作業をデータクリーニング（データクレンジング）と呼びます。じつはこのようなデータクリーニングの作業はデータサイエンティストが必ず実施しなければならない，重要かつ時間のかかる作業なのです。多くのデータサイエンティストが「**データサイエ**

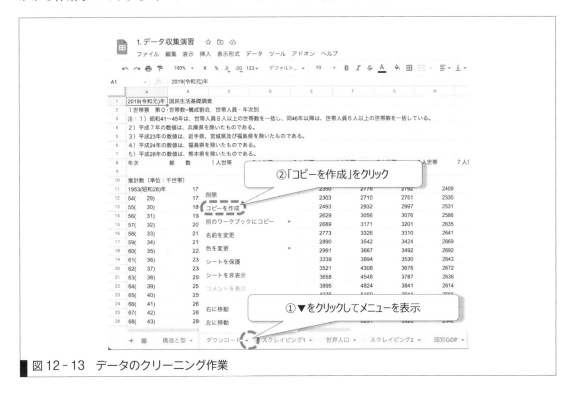

図 12 - 13　データのクリーニング作業

ンティストはその時間のほとんどをデータのクリーニングと準備に費やすでしょう」といっています。

それでは実際にデータをクリーニングしてみましょう。クリーニングの作業を始める前にデータのコピーを作成します。（変更前のオリジナルデータは作業を失敗してもすぐに取り戻せるように変更しないで残しておくのが基本です（図12-13）。）

① スプレッドシートの下にある「ダウンロード」タブの右端▼をクリックしてメニューを表示します。

② 「コピーを作成」をクリックします。

新しく作成された「ダウンロードのコピー」のタブをクリックし，以下の手順でクリーニングを実施しましょう。

①利用しない2つ目のテーブルの削除

78行目以降の今回利用しない別の表形式データを全部削除します。

②データ説明の行の削除

9行目（空の行）と10行目（推計数…）の行番号を右クリックして「行の削除」を選択します。1行目から7行目についても同様に該当する行番号を右クリックして「行の削除」を実施します。

③年号を西暦で統一

1953（昭和28）年　のセル（A2）を　1953で置き換えます。全部の年号のセルを手で1954 1955と入れ直してもいいのですが，1ずつ数が増えることに目をつけて[6]，A3のセルには「＝A2＋1」と入力します。その後，A3のセルをコピーし，A4〜A68に貼り付けます。正しく年号の数値が入力されていることを確認してください。

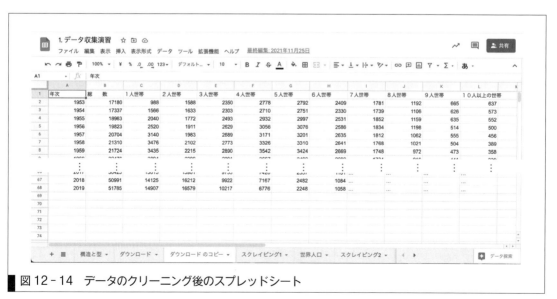

図12-14　データのクリーニング後のスプレッドシート

以上でクリーニングの作業は終了です。図 12-14 のように 1 行目が
属性，2 行目以降がデータになっています。これらのデータは 14 章で
利用します。

12-3-2 Web API という仕組みを使って，データを入手する

　ダウンロードサイトからデータをダウンロードする場合には用意され
たデータファイルを丸ごとダウンロードします。そのため，ダウンロー
ドしたあとに自分が必要な形に整えることになります。一方で，Web
API という仕組みを使えば，データの一部を切り取ってダウンロード
したり，必要なデータだけを選択してプログラムに組み込んで使うこと
もできます。その意味では，コンピュータにとっては扱いやすいデータ
の取得方法だといってよいでしょう。ただし，ある程度プログラミング
の技術が必要になり，一般には難易度の高い方法かもしれません。ここ
では Wikidata のサイトに用意された Web API を使って簡単な検索を
行ってみましょう。

Wikidata の検索サイトで検索コマンドを実行

　Wikidata は共同編集型の知識データベースです。誰でもデータを加
えたり編集したりできます。ここでは「東京都で生まれた人間」をデー
タベースで検索してみます。

① 　インターネットブラウザを使って Wikidata の検索サイト（https://
　query.wikidata.org/）にアクセスします。

② 　Wikidata に収録されている東京で生まれた人一覧のデータを切り
　取り，CSV 形式で取得する以下のコマンドを入力します。

③ 　実行ボタン▶をクリックして検索を実行してみましょう（図 12-15）。

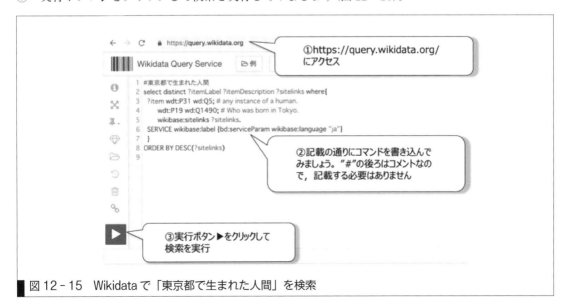

図 12-15　Wikidata で「東京都で生まれた人間」を検索

コマンドが間違っていると「不正なクエリです：」というエラーコメントが出ます。コメントをよく確認し，間違いを見つけたら修正しましょう。検索が正しく実行されると図12 - 16のような画面が得られます。

④　2万件余りのデータが検索できました。

⑤　画面上部のツールから「ダウンロード」をクリックし「CSVファイル」を選択すればデータファイルをダウンロードできます。検索結果には「アメリカ合衆国の女優」など「東京都で生まれた人間」に本当に該当するのか，一見不思議に思われる結果も含まれています。そこで検索結果が「東京都で生まれた人間」に該当するか調べてみましょう。Wikipediaのサイト（https://ja.wikipedia.org/）にアクセスして「オリヴィア・デ・ハヴィランド」を検索してみます。すると「出生地」の欄に「日本，東京府東京市」とあり，確かに「東京都（東京市）で生まれた人間」であることがわかります。

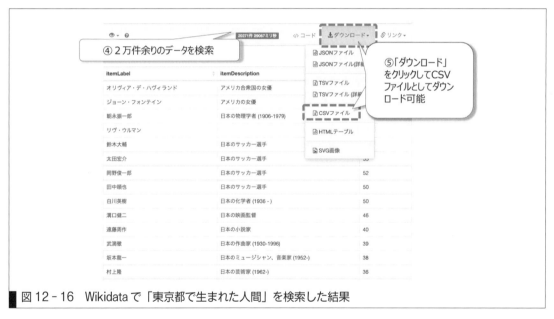

■ 図12 - 16　Wikidataで「東京都で生まれた人間」を検索した結果

　　ここでは検索サイト上から検索のコマンドを実行しました。実際に利用する際にはプログラムの中にこのようなコマンドを組み込んでデータを取得し，分析データに加えるなどの利用をします。

12-3-3　Webページを加工して機械可読データに変換する

　　読み込んだWebページのデータを加工して，機械可読データに変換する処理をスクレイピングと呼びます。スクレイピングはダウンロードサイトのデータファイルを利用する方法やWeb APIを使ったデータ入手方法に比べて難しいと思われるかもしれません。しかし，ある程度かぎられた使い方であれば，比較的簡単にツールを使ってWebページ

からデータを取得することができます。

　ここでは「世界の国別人口」と「世界の国別 GDP」の 2 つのデータをスクレイピングで取得してみましょう。

スクレイピングで「世界の国別人口」を取得

　スプレッドシートには Web ページのテーブルデータをスクレイピングして表形式データとしてセルに書き込んでくれる便利な関数があります。IMPORTHTML という関数です。セルに

　＝IMPORTHTML（"対象の URL"，"table"，指数）

と入力して使います。ここで括弧内のカンマで区切られた情報を引数と呼びます。IMPORTHTML の 1 つ目の引数は取得したいテーブルが記載されている Web ページの URL です。2 つ目の引数は取得したいデータが表形式かリスト形式かを指定します。3 つ目の引数は Web サイト上の何個目の表，もしくはリストを取得するのかを指定します。最初の 2 つの引数は引用符（"）で括る必要があります。この関数を使って，シート「スクレイピング 1」に世界の国別人口のデータを取り出してみましょう。

①　12-3-1 項で利用したスプレッドシートの「データ収集演習」を開き，シート「スクレイピング 1」を選択します。

②　図 12-17 の関数をシート「スクレイピング 1」のセル A1 に書き込みます（図 12-18）。しばらく待つと図 12-19 のようなデータが読み込まれます。

＝IMPORTHTML（"https://memorva.jp/ranking/unfpa/who_whs_population.php"，"table"，1）

図 12-17　スクレイピングで「世界の国別人口」を取得する関数

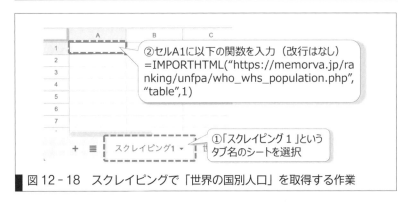

図 12-18　スクレイピングで「世界の国別人口」を取得する作業

③　取得したデータの下の行までよく見ると最終行の国名のところに「全世界合計」と書いてあって，総人口のセルに「全世界人口」が書かれています。

これではコンピュータは「全世界合計」という国の人口データがあると解釈してしまいます。そこで，この行を削除したいのですが，削除できません。実はセル A1 に記載した IMPORTHTML 関数が常にデータを書き直しているからです。

④　関数から得られる値を「値のみ」別のシート「世界人口」にコピーしましょう。「スクレイピング 1」シートの表全体を選択・コピーして「世界人口」シートに貼り付けます。貼り付けのオプションを選ぶボタン（図 12－20）をクリックして「値のみ貼り付け」を選択します。

⑤　貼り付けができたら「全世界合計」の行（196 行目）を削除し，国別人口の表形式データができます。

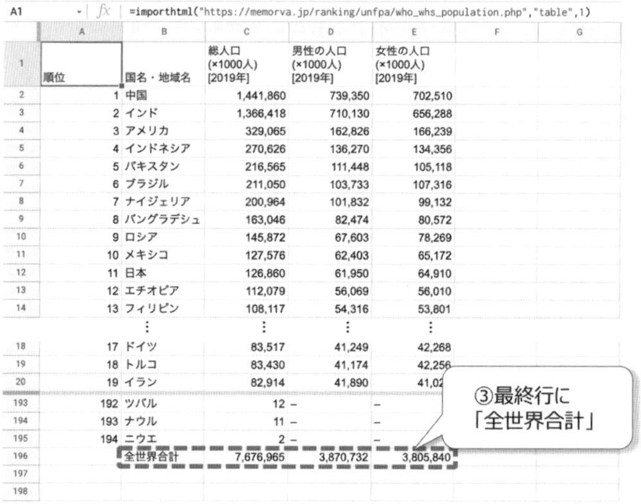

A1 =importhtml("https://memorva.jp/ranking/unfpa/who_whs_population.php","table",1)

	A	B	C	D	E	F	G
1	順位	国名・地域名	総人口 (×1000人) [2019年]	男性の人口 (×1000人) [2019年]	女性の人口 (×1000人) [2019年]		
2	1	中国	1,441,860	739,350	702,510		
3	2	インド	1,366,418	710,130	656,288		
4	3	アメリカ	329,065	162,826	166,239		
5	4	インドネシア	270,626	136,270	134,356		
6	5	パキスタン	216,565	111,448	105,118		
7	6	ブラジル	211,050	103,733	107,316		
8	7	ナイジェリア	200,964	101,832	99,132		
9	8	バングラデシュ	163,046	82,474	80,572		
10	9	ロシア	145,872	67,603	78,269		
11	10	メキシコ	127,576	62,403	65,172		
12	11	日本	126,860	61,950	64,910		
13	12	エチオピア	112,079	56,069	56,010		
14	13	フィリピン	108,117	54,316	53,801		
		⋮	⋮	⋮	⋮		
18	17	ドイツ	83,517	41,249	42,268		
19	18	トルコ	83,430	41,174	42,256		
20	19	イラン	82,914	41,890	41,02		
193	192	ツバル	12	–	–		
194	193	ナウル	11	–	–		
195	194	ニウエ	2	–	–		
196		全世界合計	7,676,965	3,870,732	3,805,840		
197							
198							

図 12－19　スクレイピングで「世界の国別人口」を取得した結果

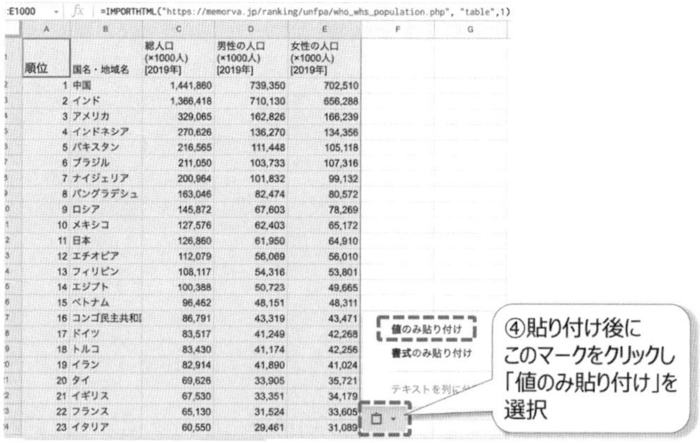

:E1000 =IMPORTHTML("https://memorva.jp/ranking/unfpa/who_whs_population.php", "table",1)

A	B	C	D	E
順位	国名・地域名	総人口 (×1000人) [2019年]	男性の人口 (×1000人) [2019年]	女性の人口 (×1000人) [2019年]
1	中国	1,441,860	739,350	702,510
2	インド	1,366,418	710,130	656,288
3	アメリカ	329,065	162,826	166,239
4	インドネシア	270,626	136,270	134,356
5	パキスタン	216,565	111,448	105,118
6	ブラジル	211,050	103,733	107,316
7	ナイジェリア	200,964	101,832	99,132
8	バングラデシュ	163,046	82,474	80,572
9	ロシア	145,872	67,603	78,269
10	メキシコ	127,576	62,403	65,172
11	日本	126,860	61,950	64,910
12	エチオピア	112,079	56,069	56,010
13	フィリピン	108,117	54,316	53,801
14	エジプト	100,388	50,723	49,665
15	ベトナム	96,462	48,151	48,311
16	コンゴ民主共和[	86,791	43,319	43,471
17	ドイツ	83,517	41,249	42,268
18	トルコ	83,430	41,174	42,256
19	イラン	82,914	41,890	41,024
20	タイ	69,626	33,905	35,721
21	イギリス	67,530	33,351	34,179
22	フランス	65,130	31,524	33,605
23	イタリア	60,550	29,461	31,089

図 12－20　取得した「世界の国別人口」のデータをクリーニングする作業

これで「世界の国別人口」データを読み込むことができました。

スクレイピングで「世界の国別 GDP」を取得

「世界の国別人口」と同様に「世界の国別 GDP」をスクレイピングで取得してみましょう。

① スプレッドシートの「データ収集演習」を開き，シート「スクレイピング 2」を選択します。

② 「スクレイピング 2」シートのセル A1 に図 12-21 の関数を書き込みます。しばらく待つと「世界の国別 GDP」のデータが読み込まれます。

＝IMPORTHTML ("https://www.globalnote.jp/p-data-g/?dno＝8860&post_no＝1409", "table", 3)

■ 図 12-21　スクレイピングで「世界の国別 GDP」を取得する関数

---

③ こちらのデータでも「世界計」の行以降は不要なので，「スクレイピング 2」シートの表全体を選んでコピーし「国別 GDP」シートに値のみ貼り付けたら「世界計」の行以降を削除してください。また「国別 GDP」のデータに対する項目名（属性名）が「2020」などわかりにくい名称になっている場合，「国別 GDP」などのわかりやすい名称に変更しておきます。

これで「世界の国別 GDP」のデータを読み込むことができました。これらのデータは第 14 章「ダッシュボードの作成」で利用します。

あなたがここで学んだこと

この章であなたが到達したのは，データ収集から

□ 必要なデータの意味や価値を理解し，これを説明できる

□ 利活用できるデータの意味や価値を理解し，これを説明できる

□ データ収集の課題を発見し，その解決ができる

　本章では，課題の選定としぼり込みを実行し，データの探索的解析の実践を通して，データ収集やデータクリーニングの技術を獲得しました。また，この章で収集したデータを利用して，第 14 章ではダッシュボードを作成していきましょう。

5 ─部 13 ─章

分類と回帰

第 3章で学んだ教師
あり学習は，分
類と回帰に分けること
ができます。図は(図13
-3と図13-6として再
度登場します)分類と回
帰の概念図です。

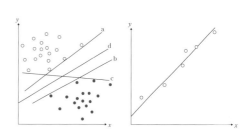

　分類モデルは，モデルに入力データを与えると，あらかじめ定義され
たラベル(非連続な値，離散的な値)を出力し，その出力を用いて推定
(分類)をします。出力が，0または1といった場合には，それは2クラ
ス分類問題(第6章で手書き数字「0」と「4」を分類した演習は2クラ
ス分類問題に対応)となります。出力が3つ以上の場合は多クラス分類
問題(第6章で手書き数字「0」から「9」を分類した演習は10クラス
分類に対応)といいます。

　回帰モデルは「データの入力と出力がどのような『関係性』を持って
いるか？」の傾向をつかむことで，新たな入力データが得られたときに
出力を推定することになります。この『関係性』のところに『関数』を
考えることにより，モデルに入力データを与えると，そのモデルの出力
は連続的な値になります。

　より具体的に，分類モデルと回帰モデルを学習していきましょう。

●**この章で学ぶことの概要**

　分類モデルと回帰モデルについて，代表的な方法の概念を例を用いて
学びます。とくに分類モデルについては線形分類を回帰については線形
回帰モデルを例に学びます。

●**この章の到達目標**

1. 分類と回帰の概念を説明できる
2. 線形分類問題の概念を説明できる
3. 線形回帰モデルの概念を説明できる
4. 分類と回帰と機械学習との関連がイメージできる

以下を調べてまとめておこう

　（ア）3章で学んだことの復習

　（イ）特徴量（特徴量ベクトル）とは何か

　（ウ）直線の方程式とそのグラフを書くこと

　（エ）データの平均や分散とは何か，何を示すか

13　1　分類問題の基礎—線形分類を例に—

　第3章では，教師あり学習のクラス分類問題についての概念とその評価について説明をしましたが，実際にどのように分類するのかの1例を見てみましょう。図13-1に示すような，黒丸（●）と白丸（○）を示すデータが得られた場合に，これを「どのように分類」するのがよいと思いますか？

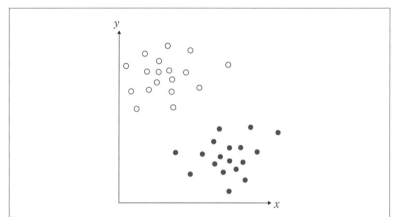

■ 図13-1　2つのクラスに分類する問題の例（2クラス分類の問題例）

　図13-2に示すような境界線を引き空間を分割して，線の右（下）側に来るのが黒丸（●），線の左（上）側に来るのが白丸（○）として分類し，新たなデータがどちらの空間に入るかでそれを分類すればよいと考えましたか？

　その考え方は，「半分正解」です。

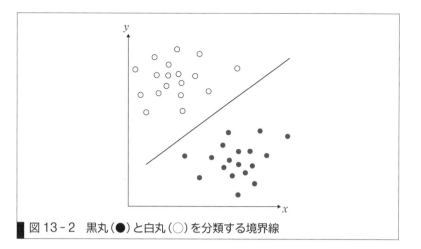

■ 図13-2 黒丸(●)と白丸(○)を分類する境界線

ところで，人工知能（機械学習）に入力するのは，データを何らかの
処理を行い得た分類のために有用な特徴[1]であることは，3-1-1項
でも学びました。分類問題を考える際には，どのような人工知能（機械
学習）のアルゴリズムを用いるかというよりも，どのような特徴量を用
いるかが性能の評価に影響をおよぼすことが多くあり，重要であること
が多いです。図13-2では，xとyという2つの特徴量でデータを表現
をしていますが（2次元空間（面）），通常はもっと多くの量（高次元の空
間）になります。図13-2の特徴量の空間（2次元の面）は，1次元低い
空間（図13-2の場合は1次元の線）で分けることができます。たとえ
ば，3次元空間は，2次元の平面によって空間を分けることができます。
この2次元の平面のことを超平面といいます。

　黒丸(●)と白丸(○)を分類するためには，図13-2のように直線を
引くことができれば「半分正解」と説明をしましたが，直線の方程式を
思い出してみると

$$y - w_1 x - w_0 = 0 \qquad (13-1)$$

です。

　ここで，新たにデータx'とy'が入力された場合

$$y' - w_1 x' - w_0 \qquad (13-2)$$

の値が負になった場合には黒丸(●)，正になった場合には白丸(○)の
空間に入ることがわかります。

　ここで，実際に分類を行う際には，式13-1の係数w_0, w_1を，どう
決めればよいのかという疑問が湧いてくるでしょう[2]。この係数w_0,
w_1を，ラベル付けされた（今の場合は，ラベルは黒丸(●)，白丸(○)
に対応）教師データから決める方法が，機械学習のアルゴリズムという
ことになります。いまの例は，1本の直線（線形な超平面（すなわち式
13-1））で正しく分類することを考えています。これを線形分離といい
ます[3,4]。

*1
　特徴量や特徴量ベクトルな
どと呼びます。

*2
　これが「半分正解」といっ
た理由です。

*3
＋α プラスアルファ
　実際の分類問題においては，
単純に線形分離できない場合
が多いのですが，線形分離を
組み合わせることによって境
界を作成したり，入力データ
から特徴量に変換する際にさ
まざまな工夫をして，線形分
離できるようにすることなど
が行われています。

*4
＋α プラスアルファ
　入力データの次元がN次
元の場合には，式13-1との
対応を考えてみると，N次
元の空間を分ける境界は
$y = w_0 + \sum_{i=1}^{n} w_i x_i$
という超平面になり，この
w_i ($i=0,1,\cdots,N$)を決めるこ
とになります。

式 13−1 の直線（の係数 w_0, w_1）をどのように決めればよいか？という問題を，具体的に考えてみましょう。図 13−1 のようなデータが与えられていた場合に，黒丸（●）と白丸（○）を正しく分類できる境界の直線は，図 13−3 の直線の様にたくさん考えることができます。図 13−3 の直線 a の場合には，黒丸（●）に関しては分類できそうですが，白丸（○）に関してはギリギリに境界の直線が引かれてしまっているので，新たな入力データが，少しでも白丸（○）の分布からずれると，分類を間違えてしまう可能性があります。直線 b の場合には，その逆であることが見て取れます。さらに，直線 c の場合には，黒丸（●）と白丸（○）両方のデータの分布の近くに境界の直線が引かれているため，新たな入力データが少しでもどちらかの分布がずれると，間違えて分類をしてしまう可能性が高いです。以上から，黒丸（●）と白丸（○）の分類には直線 d がよさそうだという予想が立ちます。

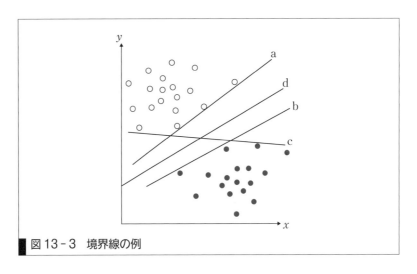

■ 図 13−3　境界線の例

　考えられる境界の直線の中から，新しいデータ（未知のデータ）に対してもよい識別ができる直線を選び出してくる必要あります。そのための手法の 1 つが線形判別分析（Linear Discriminant Analysis）と呼ばれる方法です。線形判別分析では，クラス間の分散（黒丸（●）と白丸（○）のデータの間の分散）を分母に，クラス内の分散（黒丸（●）や白丸（○）のデータ内の分散）を分子に取り評価の値とします。この評価の値を最小にするような軸をさがし出してきて，その評価軸上の正負で 2 つのクラスの分類を行います。たとえば，図 13−4 のようなデータが得られたときに，分散が大きくなる軸とはデータの広がりが大きくなる横軸を示し，分散が小さくなる軸とは，データの広がりが小さい方向である縦軸を意味します。

　図 13−3 の例の場合に戻ってみると，クラス内の分散が小さくなる軸とは，図 13−5 の軸 a（白丸（○）のクラス内）や軸 b（黒丸（●）のク

ラス内) となります。一方, クラス間の分散が大きくなる軸とはc軸の
ように, 各クラスの中心 (重心) の距離が大きくなる軸を選ぶことにな
ります。これらを総合して, d軸のように, 分母であるクラス間の分散
を大きく, 分子であるクラス間内の分散を小さくする様な軸を用いて新
たなデータを評価することになります。いい換えると, 得られたd軸
と直交する直線eが, 黒丸 (●) や白丸 (○) のデータを分類するための
直線ということになります[*5]。

　図13-1の様な黒丸 (●) と白丸 (○) のデータを分類する手法 (アル
ゴリズム) には, ここで見てきた線形判別分析以外にも, 最近傍法, k
最近傍法, サポートベクターマシーンなど, さまざまな方法が考えられ
ています。それぞれのアルゴリズムの性質が異なりますので, 取得でき
るデータ数や実際に用いることができる計算リソースなどにより, 適切
なアルゴリズムを選択する必要があります。そのためには, アルゴリズ
ムの特徴はもちろんですが, 分類したいデータ (解決したい課題) の特
徴を把握しておくことが重要です。

*5
　図13-3の直線aやbも
考える問題設定によっては境
界の直線になり得ます。

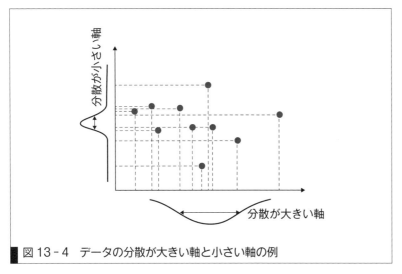

■ 図13-4　データの分散が大きい軸と小さい軸の例

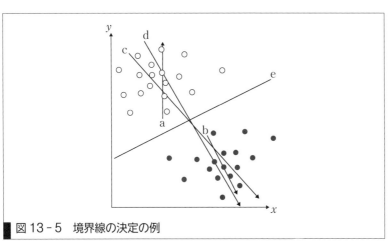

■ 図13-5　境界線の決定の例

13 2 回帰モデルの基礎—線形回帰モデルを例に—

回帰とは「データの入力と出力が，どの様な『関係性』を持っているか？」の傾向をつかむことで，回帰モデルとは，新たな入力データが得られたときに出力を推定することになります。すなわち，回帰モデルでは，入力データに対して関係性（関数）を考え当てはめていきます[6]。当てはめとは，考えている関数からのずれ（残差）が最小になるように関数を決めることに対応します。

*6
フィッティングともいいます。

もっとも基本となる回帰分析の方法が直線回帰[7]です。1次元(x)から1次元(y)への回帰を考えると図13-6になります。図13-6に示すようなデータが，式13-1に示すような直線で当てはめできると考えたとき，傾きw_1と初期値（切片）w_0を決めることができれば，そこから任意の入力xに対して，出力yを予測できるようになります。このときxを独立変数，yを従属変数といいます。

*7
単回帰とも呼ばれます。

もう少し一般的には，n個の独立変数$w_i(i=1,\cdots,n)$から従属変数$\hat{y}$を導く

$$\hat{y}=\sum_{i=1}^{n} w_i\, x_i + w_0 \qquad (13-3)$$

となり，この式13-3のモデルを，線形回帰モデルといいます。w_i $(i=1,\cdots,n)$とw_0はデータから最適に決めるべきパラメータということになります。また，$\hat{y}$を実際に観測されたyの推定値とすると，分析者がこのyを予測・推定したいときに使用すると考えることができます。すなわち，よい予測とは，予測対象であるyとその予測値$\hat{y}$のずれ$|\hat{y}-y|$が小さくなるように，各パラメータ$w_i(i=1,\cdots,n)$とw_0を決めると考えることが一般的です。ここでは，簡単化のため，独立変数の数を2個に設定してみましょう。すなわち，$n=2$ですから，式13-3は

$$\hat{y}=w_1\, x_1 + w_2\, x_2 + w_0 \qquad (13-4)$$

となります。

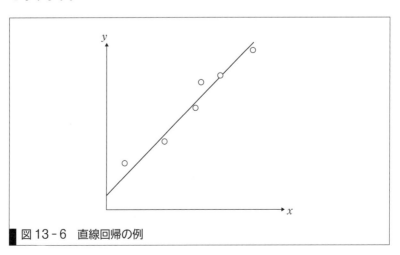

図13-6　直線回帰の例

ここで

$\hat{y}$：弁当が売れる個数

x_1：降水確率（前日には知ることができる）

x_2：予想気温（前日には知ることができる）

と考えてみると，式13-4は「降水確率と予想気温の傾向から，お弁当が売れる個数を予測しようとしたモデル」ということになります。では，降水確率と予想気温がそれぞれ30％（0.30）と20℃（0.5）のとき，お弁当が売れる個数の予測はどうなるでしょうか[*8]？

お弁当が売れる個数の予測は

$$\hat{y} = 0.30w_1 + 0.50w_2 + w_0 \qquad (13-5)$$

となります。いま，w_0, w_1, w_2 が未知ですので，お弁当が売れる個数の具体的な予測値を求めることができませんね。この例でもわかるように，線形回帰モデルにより，何らかの値を予測するためには，w_0, w_1, w_2 を決めないといけません。これらのパラメータを決めるためには，

問題（入力）：降水確率と予想気温

答え（ラベル）：お弁当が売れた数

という，問題（入力）と答え（ラベル）がセットになった教材（データ）が必要になることを意味しています。たとえば「降水確率が10％，予想気温が25℃のとき，500個のお弁当が売れた」というような事例を，たくさん集めなければいけません。そして，降水確率と予想気温を与えたとき，お弁当が売れた数を予想します。これがどれくらい間違っていたのかを見積もります。この間違えた度合いを知り，思考を修正して，もう1回，問題に取り組むわけです。このように，実際にデータを集め，問題と答えがペアになった教材を作ってあげなくてはいけません。このデータは，教師が教材の問題を採点するという構造になっているので，<u>教師データ</u>と呼びます。この話は実は第3章にも出てきましたね[*9]。

いままで，見てきたとおり，分類問題も回帰問題も一見人工知能や機械学習に関係がないように見えますが，密接にかかわっているということを理解してもらえたでしょうか？

Let's TRY! グループワーク

分類と回帰を活用して解決できそうな，または，解決したい具体的な課題を考えて議論してみよう。また，課題を解決するためには，どのようなデータを，どこから取得するか考えてみよう。

[*8]
カッコ内の各数値は諸般の事情により，最小0，最大1に正規化（ここではデータを0-1の範囲にすること）しています。

[*9]
もちろんお弁当の売れる（売れた）個数は降水確率と予想気温だけで決まるわけではありません。そのほかの要因も考えられるでしょう。その際には，独立変数が x_3, x_4, … というように増えていくことになります。

実教出版 Web サイト（https://www.jikkyo.co.jp/）の本書の紹介ページから，Web テストページへのリンクがあります。学習の確認などにご活用ください[10]。

[10]
第 13 章 Web（確認）テスト

あなたがここで学んだこと

この章であなたが到達したのは

- □分類と回帰の概念を説明できる
- □線形分類問題の概念を説明できる
- □線形回帰モデルの概念を説明できる
- □分類と回帰と機械学習との関連がイメージできる

　この章では，分類モデルと回帰モデルについて，その概念を代表的な方法の例を用いて学びました。とくに，分類モデルについては線形分類を，回帰については線形回帰モデルを例に学びました。また，これらの概念と機械学習との関連についてもふれました。なお，3 章の内容とも密接に関連していますので，3 章の内容も復習しておきましょう。

5 ―部 14 ―章

ダッシュボードの作成

F15 のダッシュボード（public domain）

中央の操縦桿の向こうには計器類やスイッチが一面に所狭しと並んでいます。この写真は F15 イーグル戦闘機のコックピットの計器盤（ダッシュボード）です。高度や気圧，機体のスピード，傾き，燃料などさまざまな機体に関する情報がこのダッシュボードに集まっています。さまざまな情報をまとめることでパイロットであれば一目で機体の状態を把握でき，何か問題があればその原因や対処方法がわかります。そして，瞬時に判断し行動することができるでしょう。

●この章で学ぶことの概要

この章ではデータサイエンスにおけるダッシュボードの概要と事例について学んだあと，12 章で収集したデータを使ってオリジナルのダッシュボードを作成してみましょう。

●この章の到達目標

1. ダッシュボードの説明ができる
2. ダッシュボード作成にあたってのポイントが説明できる
3. 収集したデータを用いてダッシュボードを作成できる

以下を調べてまとめておこう。

　（ア）ダッシュボード

　（イ）BI ツール

　（ウ）KPI: Key Performance Indicator

　（エ）KGI: Key Goal Indicator

14 1 ダッシュボードとは？

14-1-1 ダッシュボードの概要

　「ダッシュボード」と聞いて何を思い浮かべますか？　自動車の座席前に設置されたスピードメータやエンジンの回転数，燃料計などが並んだ計器盤をイメージする人もいるでしょう（図 14 - 1）。自動車のダッシュボードでは安全快適に運転するために必要な情報を，人にとって見やすい形でリアルタイムに表示します。データサイエンスでは，これと同じようにある課題やトピックについての状況をリアルタイムに表示する画面やソフトウェアのことを**ダッシュボード**と呼びます。データサイエンスのダッシュボードではインターネットを始め自らが管理するサーバなどさまざまな情報源から情報を集め，表やグラフ，チャートなどを使って表示しています。

図 14 - 1　車のダッシュボード（CC-BY 1.0（c）Aaron Logan）

　ダッシュボードの特徴の 1 つは重要な情報をわかりやすく伝えることにあります。たとえば，国や地方自治体のさまざまな統計情報を可視化した統計ダッシュボードによって，社会の状況を把握することができます。また，伝染病の感染動向をまとめたダッシュボードによって国や地域の感染状況について情報を得ることができ，どのような行動を取るべきか判断ができるでしょう。企業では経営状況を分析する BI ツール（Business Intelligence Tool）にダッシュボードの機能があり，BI ダッシュボードと呼ばれています。BI ダッシュボードでは各製品ごとの

売上・在庫などの情報を可視化することで業務成績をチェックするような使い方だけでなく，財務諸表などと時事刻々と変化する経済状況とを合わせて表示させることで，データに基づいて経営状況を把握し，判断することができます。このようにデータに基づいて迅速に経営判断することがビジネスの世界では重要になってきています。

　また，リアルタイム性もダッシュボードの重要な特徴です。とくに伝染病の感染動向やビジネスの経営状況では情報のリアルタイム性が重要になってきます。多くのダッシュボードでは，利用しているデータがサーバで更新されると自動的に取り込んで表示をアップデートし，最新の情報に基づいて判断ができるようになっています。

　そして，表示したい内容を取捨選択したり，範囲を動的に変化させたりとインタラクティブに操作できる点もダッシュボードの特徴です。たとえば，自分が興味のある期間にデータをしぼり込んで表示することで，その期間のより詳しい状況を把握したり，時間変化をアニメーションにすることで新たな発見をすることもあるでしょう。

　このようにダッシュボードにはさまざまな機能をつけることができますが，機能を多く備えていることがよいダッシュボードとはかぎりません。ユーザーが判断や行動するために必要な情報をわかりやすく提供できるダッシュボードがよいダッシュボードです。

14-1-2 ダッシュボードの例

　いくつかのダッシュボードの事例を見てみましょう。

総務省統計局の統計ダッシュボード

　総務省統計局は国や民間企業などが提供している主要な統計データを「統計ダッシュボード」としてグラフやチャートでわかりやすく提供しています（図14-2）。たとえば，完全失業率や有効求人倍率の時間変化，人口ピラミッド，サービス産業の売上高など，さまざまな興味を惹く統計データのグラフやチャートを閲覧できます。また，それらのもとになっているデータを簡単に検索・閲覧・ダウンロードすることもできます。

図14-2　総務省統計局が公開しているダッシュボード
（出典：統計ダッシュボード https://dashboard.e-stat.go.jp）*1

*1　WebにLink 📺

　　総務省統計局が公開してい
るダッシュボード

東京都の新型コロナウイルス感染症対策サイト

　東京都では新型コロナウイルス感染症（COVID-19）に関する最新情報を提供するためにダッシュボードを開設しています（図14-3）。日々の感染状況や医療提供体制に関するデータがわかりやすい表やグラフで可視化されています。

図14-3　東京都が開設している新型コロナ感染症（COVID-19）に関する
ダッシュボード（https://stopcovid19.metro.tokyo.lg.jp）*2

*2　WebにLink 📺

　　東京都が開設している新型
コロナウイルス感染症に関す
るダッシュボード

東京地下鉄の利用状況に関するダッシュボード

　データ分析からダッシュボード作成まで可能なタブロー（Tableau）というツールを使ったデータ分析事例・ダッシュボードが公開されてい

ます (https://public.tableau.com/ja-jp/gallery/) *3。たとえば, 東京地下鉄の利用状況に関するダッシュボードでは, 路線図と路線ごとの輸送人員数 (平成 26 年度), 各駅の 1 日平均昇降者数 (平成 26 年度) が可視化されています。

*3 WebにLink
タブローを使ったデータ分析事例・ダッシュボード

東洋経済オンライン 新型コロナウイルス 国内感染の状況

東洋経済オンラインでは, 日本国内において現在確定している新型コロナウイルス感染症 (COVID-19) の状況をおもに厚生労働省の報道発表資料から可視化し, 公開しています (図 14 − 4)。

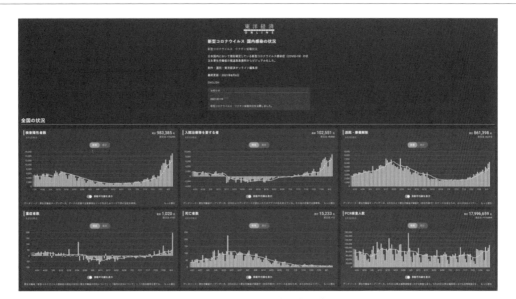

図 14 − 4　東洋経済オンライン 新型コロナウイルス 国内感染の状況
(https://toyokeizai.net/sp/visual/tko/covid19/) *4

14-1-3 ダッシュボードの基本的な構造

ダッシュボードでは, まずトピックに関わるさまざまなデータを 1 箇所に集約します。そして, それらのデータから必要なデータを切り取ったり, 組み合わせることによっていろいろな側面からデータを解析し, 適切な可視化手法を用いて可視化します (図 14 − 5)。得られた表やグラフ, チャートなどをダッシュボードに配置します。ここで, 関連するものを並べるなど工夫することにより, そのトピックについての状況や推移を直感的に把握できるように配置やサイズなどを検討します。

*4 WebにLink
東洋経済オンラインの新型コロナウイルス国内感染の状況に関するダッシュボード

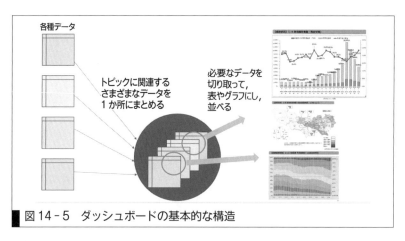

各種データ

トピックに関連する
さまざまなデータを
1か所にまとめる

必要なデータを
切り取って,
表やグラフにし,
並べる

図14-5　ダッシュボードの基本的な構造

　「ダッシュボードの例」で示した図14-4の東洋経済オンラインの
「新型コロナウイルス 国内感染の状況」で用いられているデータを表
14-1に示します。これらのデータをグラフなどで可視化することで,
新型コロナウイルスの国内感染の状況が把握しやすくなっています。

表14-1　図14-1のダッシュボードで用いられているデータ

内容	データファイル
厚生労働省オープンデータ「陽性者数」	pcr_positive_daily.csv
厚生労働省オープンデータ「PCR検査実施人数」	pcr_tested_daily.csv
厚生労働省オープンデータ「入院治療等を要する者の数」	cases_total.csv
厚生労働省オープンデータ「退院又は療養解除となった者の数」	recovery_total.csv
厚生労働省オープンデータ「死亡者数」	death_total.csv
厚生労働省オープンデータ「PCR検査の実施件数」	pcr_case_daily.csv
公表日ごとの全国の重症者数	severe_daily.csv
日別全国の実効再生産数	effective_reproduction_number.csv
年代別の国内発生動向	demography.csv
都道府県別の発生動向	prefectures.csv

14-2-1 ダッシュボードデザインのポイント

　ダッシュボードのデザインで最も重要なポイントはユーザーが一目で有用な情報を理解し，必要な判断や行動につなげられることです。そのためにはユーザーがどのような情報を必要としているのか，そもそもユーザーがどのような課題／問題意識を持っているのかを明確にすることが重要です。それらをもとに表やグラフ，チャートのデザインを検討します（4-3節「可視化の役割と方法」参照）。

　ダッシュボードでは複数の表やグラフ，チャートを配置するため，複数の候補の中から適切な組み合わせを選定する必要があります。共通の軸を持つグラフは1つにまとめることで比較しやすくなりますが，複数のデータをまとめることで複雑さは増す傾向があります。また一方で，ユーザーが見慣れている表示形式がある場合は複雑でも理解できるでしょう。また，重要な数値指標は別に抜き出して目立つように表示するのもよいです。（14-2-3項「KGIとKPI」参照）

　複数の表やグラフ，チャートをダッシュボード上のどこにどのようなサイズで配置するかも見やすさに大きく影響します。一般には，最も重要な数値や指標などの情報は左上もしくは最上段の，ページを開いたときに目に留まりやすい位置に配置します。それらに関する重要な分析結果や詳細はすぐ近くに配置していきます。より詳細な分析結果や付随する結果などはさらにその下に配置するか，リンクを貼って別のページに配置してもよいでしょう。

　1ページのダッシュボードに配置するグラフやチャートの数についてとくに制限があるわけではありませんが，20を超えるグラフやチャートが並んでいてもすべてを理解したり，確認するのも通常は難しいでしょう。ダッシュボードから得たい情報のインパクトが薄れてしまう可能性も高いと考えられます。もちろん，ユーザーによっては航空機のダッシュボードのように，もっと多くの表やグラフ，チャートを描画する必要があったり，理解しやすい場合もあるかもしれません。それらが本当に必要なのか，ユーザーの目線でよく考えましょう。

14-2-2 Googleデータポータルを使ったダッシュボードの作成

Googleデータポータルへのログイン

　Googleデータポータルを使って実際にダッシュボードを作成してみましょう。まず，Googleデータポータルのサイトにブラウザでアクセスします（https://datastudio.google.com/）[*5]。

*5　WebにLink

　Googleデータポータルサイト

③利用したいアカウント
であることを確認

①「USE IT FOR FREE」
をクリック

②利用するアカウントを選択するか
「別のアカウントを使用」からアカウント
を新規作成

図 14 - 6　Google データポータル（https://datastudio.google.com）

①メイン画面が表示されたら，「USE IT FOR FREE」（無料で使用
する）をクリックし，アカウントを選択してログインします（図 14
- 6）。

②まだ Google でアカウントを作成していない場合や他のアカウント
を利用する場合は「別のアカウントを使用」から新しいアカウント
を設定します。

③利用したいアカウントであることを確認し，パスワードを入力した
ら「次へ」をクリックしてログインします。

新しいレポートの作成

ログインできたら，図 14-7 のような画面が表示されます。

①「空のレポート」をクリックして新しいレポートを作成します。

②「データのレポートへの追加」のウィンドウが出てくるので，
Google スプレッドシート（以下，スプレッドシート）を選択します。

①この ＋ を押して
新しいレポートを作成します

② Google スプレッドシート
を選びます

図 14 - 7　新しいレポートの作成

データの追加

12 章で収集し，前処理をした「世帯数」に関するデータを読み込ん

でグラフを作成してみましょう。図14-8のように，左端の「すべてのアイテム」が選択されているのを確認したら，

① 「スプレッドシート」から「データ収集演習」をクリックします。さらにデータ収集演習の「ワークシート」から「ダウンロードのコピー」を選択します。

②画面右下にある「追加」をクリックします。

③ポップアップしたウィンドウの「レポートに追加」のボタンをクリックするとデータが読み込まれ，レポートで利用できるようになります。

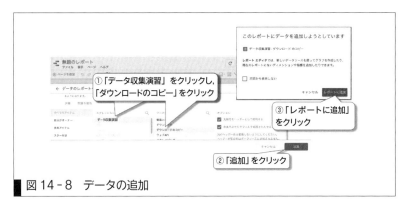

図14-8 データの追加

グラフ描画の準備

白紙のレポート（図14-9）が表示されます。

①ウィンドウの左上に記載されている「無題のレポート」という文字をクリックしてレポートのタイトルを記載します。ここでは，たとえば「世帯数比較」としましょう。

②読み込んだデータの表が表示されていますが，今回は利用しないのでクリックして選択し，delete キーを押して消去します。

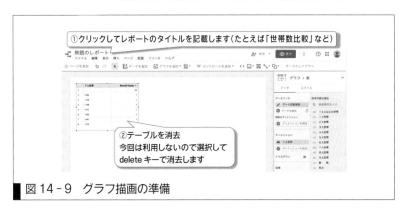

図14-9 グラフ描画の準備

グラフの描画 1

次に，読み込んだ世帯数に関するデータから，全世帯数の年次推移を表す折れ線グラフを作成してみましょう（図 14-10）。

①ウィンドウ上部にある「グラフを追加」ボタンをクリックします。

②さまざまなグラフの中から「折れ線グラフ」をクリックします。

③「クリックして追加するか，ドラッグして描画します」と表示されるので表示したいグラフの左端の角から右下の角までマウスでドラッグしてグラフを描画します。

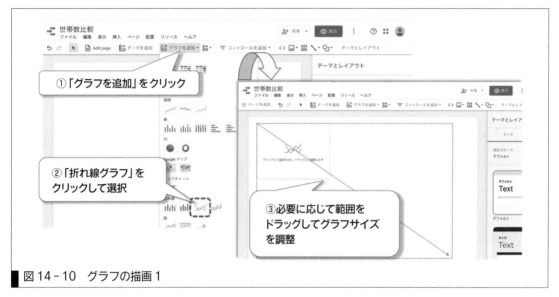

図 14-10　グラフの描画 1

グラフ表示するデータをまだ選定していないので，横軸も縦軸も思ったものになっていないかもしれません。意図したグラフを描画するためにはデータを正しく設定する必要があります。

「ディメンション」と「指標」の設定

グラフを描画するとき，その目的は以下のように書くことができると思います。

・○○ごとの××を比較する

・○○ごとの××の変化を見る

・○○別に××の違いを評価する

具体的には「会社ごとの収益を比較する」や「年次ごとの年平均気温の変化を見る」などです。ここで「会社」や「年次」など○○に当たるのがディメンションで，「収益」や「年平均気温」など××が指標です。「ディメンション」はデータを説明・分類し，ディメンションの分類ごとに測定した値が「指標」となります。

では，「むかしからいまにかけて世帯総数がどう変わってきたかを見る」の場合のディメンションと指標は何でしょうか？

この場合，ディメンションは「年次」，指標は「世帯総数」になります。これらを設定し時系列変化の折れ線グラフを完成しましょう（図14-11）。

①レポートの右側にある「データ」の設定項目の中から，ディメンションの下に設定されている項目をクリックします。

②ポップアップしたウィンドウから「年次」をクリックします。

③続いて「指標」の下にある項目をクリックします。

④ポップアップしたウィンドウから「総数」をクリックします。

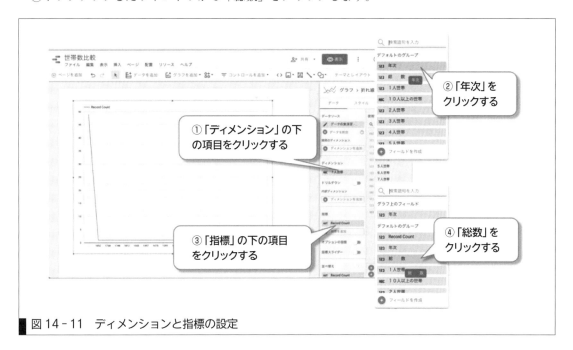

図14-11　ディメンションと指標の設定

「並べ替え」の設定

横軸と縦軸は正しく設定されたはずですが，グラフが少し変です。横軸をよく見てみると年次の順番が想定していた古い年代順にはなっていません。世帯総数が大きい順に並んでしまっているようです。

横軸が年代順になるように「並べ替え」を設定していきます（図14-12）。

①レポート右側の「並べ替え」の下にある項目をクリックします。

②「年次」をクリックして年次の順番での表記にします。

③「昇順」のラジオボタンをクリックします。

「昇順」…値が小さい順，文字列の場合は文字コードが小さい順です。日時であれば「1日，2日，3日，…」の順序であり，アルファベットなら「a, b, c,…」となります。

「降順」…値が大きい順，文字列の場合は文字コードが大きい順です。月次であれば「12月，11月，10月…」の順序であり，アルファベットなら「z, y, x,…」となります。

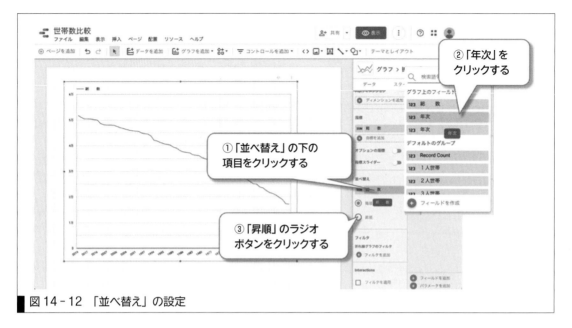

図 14 - 12 「並べ替え」の設定

グラフタイトルの記載

　最後にグラフにタイトルをつけ，何のグラフであるかを明確にします（図 14 - 13）。

　①レポートの上にあるツールのメニューから 🅰 (テキスト) ボタンをクリックします。

　②テキストを挿入したい位置をクリックしてタイトルを記載します。

　③必要に応じてテキスト全体を選択するかまわりの枠を選択し，テキストのサイズやフォント，カラーなどプロパティを変更します。

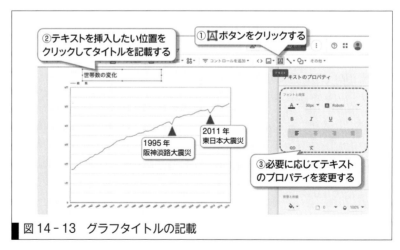

図 14 - 13 グラフタイトルの記載

　これでグラフが完成しました。全体として年が経つにつれて世帯数が増加していることがわかります。また，1995 年と 2011 年の値にあきらかな減少があることがわかります。1995 年は阪神淡路大震災のため兵庫県を調査から除外，2011 年は東日本大震災のため岩手県，宮城県，福島県を調査から除外しているためです。

指標 (1, 2, 5 人世帯) の追加

　レポートのページを追加して「むかしからいまにかけて，1 人，2 人世帯数の年次変化」を描画してみましょう (図 14-14)。

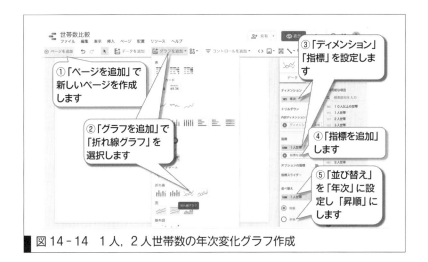

図 14-14　1 人，2 人世帯数の年次変化グラフ作成

①ツールのメニューから「ページを追加」ボタンをクリックし，新しいページを作成します。

②「グラフを追加」から「折れ線グラフを追加」を選択し，マウスでグラフの範囲を指定します。

③「ディメンション：年次」「指標：1 人世帯」を設定します。

④「指標を追加」をクリックし「2 人世帯」を選択します。

⑤「並べ替え」を「年次」に設定し「昇順」を選択します。

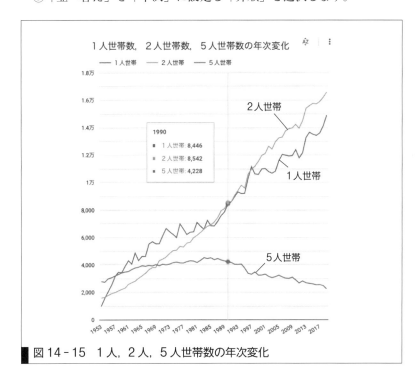

図 14-15　1 人，2 人，5 人世帯数の年次変化

グラフが描画されたらツールのメニューから A（テキスト）ボタンを
クリックしてグラフにタイトルをつけましょう。図14-15ではさらに
5人世帯も加えています。グラフから1人世帯も2人世帯も年が経つに
つれ増加していることがわかりました。また1980年代前半までは1人
暮らしのほうが多く，2000年代以降は2人暮らしのほうが多くなって
いることがわかります。一方，5人世帯は1980年台から徐々に減少し
始めていることがわかります。

14-2-3 KGI と KPI

　ダッシュボードにはあきらかにしたいトピックがあります。これまで
作成してきたダッシュボードであきらかにしたいトピックは「むかしか
らいまにかけて世帯数がどう変わってきたか」でした。このようなト
ピックは企業であれば，売上向上，利益向上のような「業績向上」や企業
ウェブサイト，広告を利用した「好感度向上」，製品アンケート，口コ
ミ情報を利用した「製品満足度向上」などがあげられるでしょう。

　企業でダッシュボードを作成する際には，企業が発展していくために
目指すゴールとそれを達成するために必要な中間的な目標を複数設定し，
それらを達成できているかどうかを管理していきます。ここで最終目標が
達成されているかを計測するための指標を KGI（Key Goal Indicator：
重要目標達成指標），KGI を達成するための過程を計測する中間指標を
KPI（Key Performance Indicator：重要業績評価指標）と呼びます。
KGI および KPI は達成できたかどうかを明確に判断できるように設定し，
具体的な数値目標を設定することが多いです。

　たとえば，
　　・KGI：「今年度の製品 A の売上をネットで 20％ アップ」
　　と設定した場合，KPI については
　　・KPI1：「10 月 1 日までに新規アクセスユーザ数を 30％ アップ」

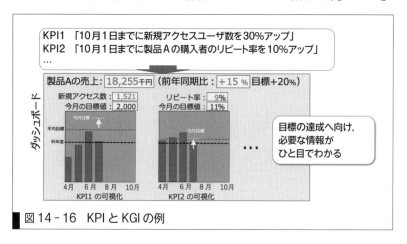

▌図14-16　KPI と KGI の例

・KPI2：「10 月 1 日までに製品 A の購入者のリピート率を 10%
　　アップ」

などのように設定することができるでしょう。ここで KPI の数値目
標設定にあたって「新規アクセスユーザ数を 30% アップすることによ
る売上向上は 15%」や「リピート率を 10% アップすることによる売上
向上は 5%」など，試算がデータに基づいていたほうが達成へのモチベ
ーションも向上するため望ましいです（図 14 - 16）。

14-2-4 ２つの表形式データからのダッシュボード作成

14 - 2 - 2 項では，年次別の世帯員数別世帯数のデータを使って，い
くつかの切り口（ディメンション，指標）でデータを可視化し，ダッシ
ュボードを作成しました。そこで利用したデータは１つの表形式デー
タだけでしたが，トピックに関連するさまざまなデータを多く集めれば
データを見る切り口（ディメンション×指標）も増え，そこから適切な
切り口を選ぶことで，ダッシュボードはよりその威力を発揮することが
できます。

本項では，「世界の国別人口」と「国別 GDP」という２つの表形式
データ*1 を組み合わせて，ダッシュボードを作成してみましょう。

*1
　２つの表形式データは 12
章で取得したものです。

「世界人口」と「国別 GDP」のデータ追加

①まず，Google データポータル（https://datastudio.google.com/）
　にブラウザでアクセスし，「空のレポート」をクリックして新しい
　レポートを作成します。

②Google スプレッドシートをクリックし，「データ収集演習」のス
　プレッドシートから「世界人口」のワークシートを選択します。

③レポートの上部にあるツールボタンから「データを追加」をクリッ
　クします。続いて Google スプレッドシートの「データ収集演習」
　から「国別 GDP」を選択し，レポートに追加します。

④読み込んだデータの表がダッシュボードに表示されますが，今回は
　使用しないので消去します。

ここまでで，「世界人口」と「国別 GDP」の２つのワークシート（表
形式データ）からデータを読み込むことができました。次は，世界人口
をマップチャートで可視化してみましょう。

「世界人口」のマップチャート描画

まず，地理情報可視化の例として「世界人口」の可視化を行います。

①ツールボタンから「グラフを追加」をクリックし，マップチャートを選択します。

マップチャートではディメンションに「地域」型の属性を持つデータしか選ぶことができません（図14-17）。

図14-17 「世界人口」と「国別GDP」のデータ追加

「世界人口」のデータでは「国名・地域名」が「地域」型の属性を持つはずですが，「使用可能な項目」を見てみると「国名・地域名」の前に「文字列型」を示すマークがついていることがわかります。そこで，「国名・地域名」の属性を「地域」型に変更します（図14-18）。

②データソースの「データ収集演習」の左にある鉛筆マークをクリックします。

③「国名・地域名」の属性（タイプ）が「テキスト」になっているので，クリックして「地域」の中の「国」を選択します。属性が「国」になったのを確認して右上の「完了」をクリックします。

④ディメンション：「国名・地域名」，指標：「総人口」に設定します。

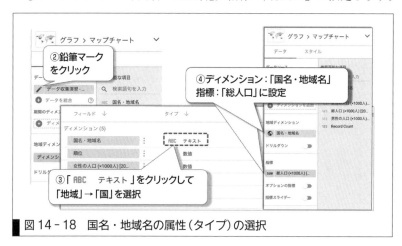

図14-18 国名・地域名の属性（タイプ）の選択

最後に「テキスト」ボタンをクリックしてグラフのタイトルを記載します。

描画されたマップ（図14-19）で総人口が多い中国，インドの色が最も濃いことから，正しく描画されていることが確認できます。また，左下に表示されているカラースケールバーの最大値が中国の人口の14億人（数値としては1000人単位なので，140万）程度の数値になっていることを確認してください[*2]。

*2
＋α プラスアルファ
　カラースケールバーの最大値が76億人程度と大きい場合は，追加したスプレッドシートのデータクリーニングが不十分だった可能性があります。スプレッドシートを参照して，データの最終行あたりに「世界計」の行が残っていたら，不要な「世界計」以降の行を削除します。（12-3節「データ収集演習」の「ダウンロードしたデータのクリーニング」を参照）

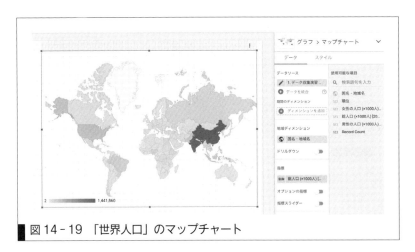

図14-19 「世界人口」のマップチャート

次は，図14-20に示す様に，ディメンション：「国名・地域名」，指標：「国別GDP」として同じようにマップチャートで可視化してみましょう。

「国別GDP」のマップチャート描画

①上部のツールから「グラフを追加」をクリックし「マップチャート」を選択します。

②データソースの「データ収集演習」をクリックし，「データ収集演習―国別GDP」を選択します。

③先程の「世界人口」のマップチャートを作成したときと同様に「国名」が「テキスト」型になっているので，「地域」から「国」を選択して「完了」ボタンを押します。

④ディメンション：「国名」，指標：「国別GDP」[*3]に設定すると，図14-20に示すようなマップチャートが作成されます。

⑤「テキスト」ボタンをクリックしてグラフのタイトルを記載しておきます。

*3
＋α プラスアルファ
　12-3-3項で「国別GDP」のデータの属性名を変更していない場合は，該当するスプレッドシートを確認してください。
　属性名を変更したい場合は，スプレッドシートの属性名を書き換えてから再度「データを追加」で読み込み直し，データソースで新しいデータを選んでください。

図14-20 「国別GDP」のマップチャート

2つの表形式データを結合する

　みなさんは以前使っていた住所録や電話番号帳から連絡する可能性のある人物の情報をピックアップして新しい住所録を作ったことはあるでしょうか。図14-21には，住所録の表データ（表1）と電話番号帳のデータ（表2）の2つの表形式データを1つの表に結合する例を示しています。ここでは表1と表2に共通する「名前」という属性を使い，2つの表の両方に共通の「名前」が記載されているデータをピックアップして1つの表にまとめています。

　表が1つにまとまることによって表の利便性が高まるとともに新たな情報が得られることもあります。たとえば，連絡したい人の住所と電話番号の両方を1つの表から見つけることができますし，住所による市外局番の違いに気がつくでしょう。また，新旧2つの住所録を結合する場合には転居した人や，最近知り合いになった人と旧知の人物が同居していることがわかる場合もあるかもしれません。

表1

名前	郵便番号	住所
相川 祐実	135-8181	東京都江東区有明xx
井上 浩紀	202-8686	東京都西東京市新町xx
大島 剛毅	180-0006	東京都武蔵野市中町xx

表2

名前	電話番号
相川 祐実	03-xxxx-xxxx
井上 浩紀	042-xxx-xxxx
大島 剛毅	0422-xx-xxxx
久保 真智	03-xxxx-xxxx
佐藤 倫子	03-xxxx-xxxx

表1と表2をつなぐ属性を選ぶ→名前

1つの表になった！

名前	郵便番号	住所	電話番号
相川 祐実	135-8181	東京都江東区有明xx	03-xxxx-xxxx
井上 浩紀	202-8686	東京都西東京市新町xx	042-xxx-xxxx
大島 剛毅	180-0006	東京都武蔵野市中町xx	0422-xx-xxxx

図14-21 2つの表形式データを結合

　それでは，「世界人口」データと「GDP」データの場合はどの属性を共通していると考えればよいでしょうか。そして，どんなことがわかるでしょうか。

「世界人口」データ

順位	国名・地域名	総人口 (×1000人) [2019年]	男性の人口 (×1000人) [2019年]	女性の人口 (×1000人) [2019年]
1	中国	1441860	739350	702510
2	インド	1366418	710130	656288
3	アメリカ	329065	162826	166239
4	インドネシア	270626	136270	134356
5	パキスタン	216565	111448	105118
6	ブラジル	211050	103733	107316
7	ナイジェリア	200964	101832	99132
8	バングラデシュ	163046	82474	80572
9	ロシア	145872	67603	78269
10	メキシコ	127576	62403	65172
11	日本	126860	61950	64910
12	エチオピア	112079	56069	56010

「国別GDP」データ

順位	国名	国別GDP (×百万ドル) [2020年]
1	米国	20893750
2	中国	14866740
3	日本	5045100
4	ドイツ	3843340
5	イギリス	2709680
6	インド	2660240
7	フランス	2624420
8	イタリア	1884940
9	カナダ	1644040
10	韓国	1638260
11	ロシア	1478570
12	ブラジル	1444720

図 14 - 22　世界人口と国別 GDP データの結合

　図 14 - 22 に示すように，これらのデータは「世界人口」データの「国名・地域名」と「国別 GDP」データの「国名」を共通の属性と考えることで結合することができます。また結合することによって，たとえば，

　　・世界人口と GDP の間に相関はあるのか？

　　・1 人当たり GDP が高い国はどんな国があるのか？

などの情報が得られると考えられます。

　それでは実際に 2 つの表形式データを結合して，総人口と GDP の相関を見るための散布図と 1 人当たり GDP のマップチャートを描画してみましょう。

「世界人口」と「国別 GDP」のデータの結合

　Google データポータルではデータを結合することを「統合」と呼び，結合する表形式データに共通の属性名を「統合キー」と呼んでいます。

　「世界人口」と「国別 GDP」のデータを結合するためには，まず，上メニューの「グラフを追加」をクリックして「表」を選択します（図 14 - 23）。

①右サイドバーの「データソース」として「総人口（世界人口）」のデータを選択します。

②「データソース」にある「データを統合」をクリックし，「データの統合」ウィンドウを開きます。

③ウィンドウ中央の「表を追加」をクリックして「国別 GDP」のデータを選択します。

④「データ収集演習－世界人口」の統合キーは「国名・地域名」，指標は「総人口」とします。また，「データ収集演習－国別 GDP」の統合キーは「国名」，指標は「国別 GDP[4]」とします。それぞれ正しく設定できていることを確認して「保存」をクリックします。

*4
＋α プラスアルファ
　国別 GDP のデータの属性名「国別 GDP」は 12-3-3 項で変更したものです。

図14-23　データの統合ウィンドウの表示（上）と統合キーおよび
　　　　　指標の設定（下）

結合されたデータの確認

結合されたデータを表で確認してみましょう（図14-24）。

①上のツールの「グラフを追加」をクリックし「表」を選択します。

②右サイドバーのデータソースとして「混合データ（1）」を選択し，
ディメンションに「国名・地域名」を選択します。

③指標に「総人口」を選択し，さらに「国別GDP」を追加します。

④並べ替えで「総人口」を選択し「降順」とします。

作成した表を確認すると，アメリカのGDPの値に「null」と表示されています。null（ヌル，ナル）は「何もない」という意味で，対応するデータがないことを意味しています。

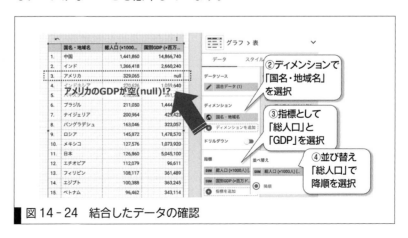

図14-24　結合したデータの確認

アメリカのGDPのデータはあったはずですが，なぜでしょうか？

これは，「11-2-2項　同義語・多義語への対応」で説明したように，「世界人口」データで国名・地域名が「アメリカ」となっているのに対して「GDP」データでは対応する国名が「米国」になっているためです。このようにコンピュータが同一と判断できない言葉の例を表14-2にいくつか示します。同義語のほかにもスペースの挿入や全角半角，漢字の違い，名称の省略など表記ゆれにも注意する必要があります。このような場合には，収集したデータの中での表記方法を1つに統一する必要がありました。

表14-2　コンピュータが同一と判断できない例

同義語

アメリカ	米国
イギリス	英国
ホンコン	香港

スペースの挿入や全角半角，漢字の違い

数理量子	数理 量子	半角空白の挿入
abc@def.jp	abc＠def.jp	"＠"の全角・半角
斎藤匠	斉藤匠	"サイトウ"の漢字違い

省略

大韓民国	韓国
東京都市大学	都市大
玉川1丁目28-1	玉川1-28-1

ここでは「データ収集演習」のスプレッドシートを開いて「国別GDP」シートの「米国」を「アメリカ」に書き換えて統一しましょう。続いて，データポータルレポートの上部右端にある「詳細オプションボタン（⋮）」をクリックし「データを更新（↻ データを更新）」を選択します。すべてのデータの再読み込みが実施されますので，「アメリカ」のGDPのデータが入力されているか確認してください[5]。

＋α プラスアルファ
「アメリカ（米国）」の他にも異なる名称で登録されているためにGDPがnullになっている国がいくつかあります。修正してデータを更新しておきましょう。

人口とGDPの散布図を描く

GDP（国内総生産）は「一定期間内に国内で産み出されたモノやサービスの付加価値の総額」ですから，国内でどれだけの儲けが産み出されたかを表しています。したがって，総人口が多いほど「儲け」は多いように思われます。そこで，各国の「GDP」と「総人口」の散布図を描いて相関があるか調べてみましょう（図14-25）。

①上部のツールから「グラフを追加」をクリックし「散布図」を選択します。

②データソースが「混合データ（1）」になっていることを確認し，デ

ィメンションを「国名・地域名」，指標Xを「総人口」，そして指標Yを「国別GDP」とします。

図14-25 「総人口」と「GDP」の散布図の描画

作成された散布図を確認してみると，「総人口」の非常に大きな2国とGDPが大きな1国の影響で全体が原点のあたりに固まっていて見えづらくなっています。他の国の全体像を見るために，これら3国を「はずれ値(Outlier)*6」としてフィルターしてみましょう（図14-26）。

③右サイドバーの下のほうにある「散布図のフィルタ」下の「フィルタの追加」をクリックし，「フィルタの作成」ウィンドウを表示します。

④「項目を選択」をクリックして「総人口」を選択します。

⑤右に現れる「条件を選択」をクリックして「次の値以下（<=）」を選択します。

⑥右の入力欄に「300000」と入力します。実際の単位は1000人なので，総人口が3億人以下のデータのみを表示することになります。

最後に「テキスト」ボタンをクリックしてグラフのタイトルを記載しておきます。

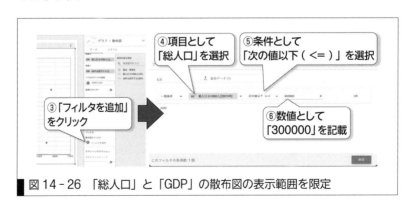

図14-26 「総人口」と「GDP」の散布図の表示範囲を限定

図14-27の散布図からデータの傾向が大きく2つに分けられそうなことがわかります。1つのグループは総人口が増加してもGDPがあまり変化しないグループ，もう1つは総人口が増えるにしたがってGDPも増加するグループです。各プロットがどこの国を表しているかは右サイドバーの「スタイル」をクリックして「データラベルを表示」をチェックするとグラフ上にすべてのプロットに対する国名が表示されます。また，上ツールバーの「表示」ボタンを押し，各プロットにマウスカーソルを重ねるとそのプロットの情報（国名と総人口，GDPの値）がポップアップ表示されます。

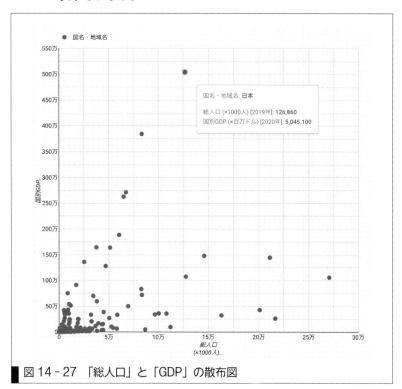

図14-27　「総人口」と「GDP」の散布図

各国の1人当たりGDPを地図上にマップする

　図14-27の散布図から，総人口とGDPの間に相関がある国も多くありましたので，各国の1人当たりGDPをマップチャートで描いてみましょう。

　①上部のツールバーから「グラフを追加」をクリックし「マップチャート」を選択します。

　②データソースの「混合データ (1)」を選択し，地域ディメンションは「国名・地域名」を選択します。

　さて，ここで指標として「1人当たりGDP」を新しく作成しましょう（図14-28）。

　①指標の「総人口」をクリックします。

②「フィールドを作成」の「＋」をクリックします。

③新しい指標に「1人当たりGDP」と名前をつけます。

④計算式の欄に「1人当たりGDP」の計算式を書きます。「G」と入力すると「GDP」と候補が表示されるのでマウスでクリックします。割り算は半角の「/」になります。続いて「総」と入力し，「総人口」を選択します。

⑤適用をクリックして新しい指標を作成します。

最後にグラフのタイトルを記載します。

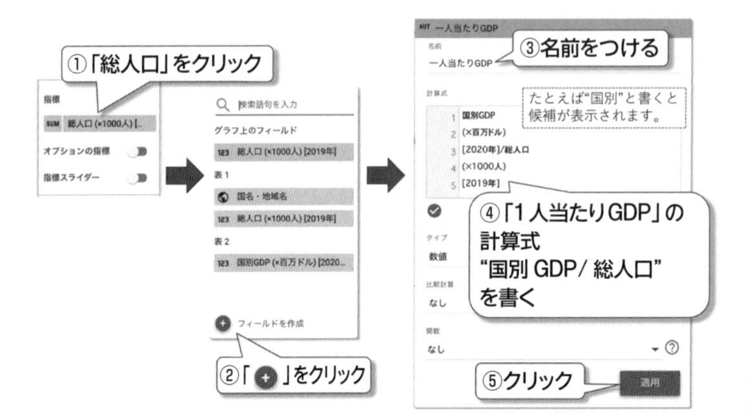

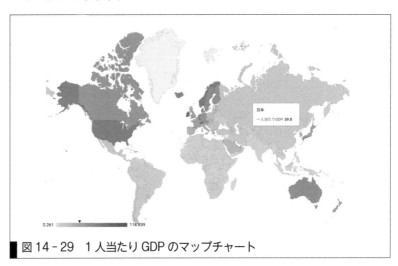

図14-28　新しい指標「1人当たりGDP」を作成

図14-29に作成したマップチャートを示します。北米や北欧諸国，さらにオーストラリアやニュージーランドも色が濃く，高い値を示しているのがわかります。

図14-29　1人当たりGDPのマップチャート

作成したダッシュボードの公開

作成したダッシュボードは公開することができます。

①上ツールから「共有」ボタンをクリックします。

②「ユーザーを追加」から，公開したいユーザーのメールアドレスを

記載して送信するか，「アクセスを管理する」をクリックして，「オフ ― 特定のユーザーだけがアクセスできます」を「リンクを知っている全員が表示できます」などに変更し，リンク先をコピーして公開したいユーザーと共有します。

Let's TRY! グループワーク

12章で課題の選定方法やデータ収集を行いました。13章では代表的なデータ分析手法として分類と回帰による予測方法について学びました。そして，14章では，その収集したデータを使ってダッシュボードの作成を体験し，独自課題に向けたダッシュボード作成の準備が整いました。実際に12章から14章で学んだことをもとに，グループで課題の選定やその課題に向けたデータを収集し，ダッシュボードを作成してみましょう。

あなたがここで学んだこと

この章であなたが到達したのは

☐ 「ダッシュボード」の説明ができ，作成にあたってのポイントを述べられる

☐ 収集した表形式データを読み込んで表やグラフを配置したダッシュボードを作成できる

☐ 2つ以上にまたがる表形式データを同義語の統一や空白の処理など適切な前処理のあとに可視化したり，必要に応じて新たな指標を作成して可視化することができる

近年，ダッシュボードは企業の経営管理や進捗管理だけでなく，社会情勢や環境変化，感染症の感染状況や対策の指標表示などさまざまな場面で活用されるようになっています。ダッシュボードを作成するためには誰のために何を表示するのか，何の判断をする情報を提供するのかをよく吟味する必要があります。

本章では，表形式データを利用して可視化し，ダッシュボードに表示する基本的な方法を学びました。実際にダッシュボードを作成するためには利用をする人々との対話を通して表示内容や表示方法について検討するとともに，数理・データサイエンス・人工知能の技術を柔軟に適用してより利用者が理解しやすい，判断しやすい情報を提供できるよう，さらに技術を磨いていきましょう。

15 ──章

この本で学んだこと

●**この章で学ぶことの概要**

　まず，第1章から第14章にて学んだことを振り返っていきます。本書で何を学び，理解できたかを章ごとに振り返ってみましょう。

　その後，学んできたデータサイエンス・人工知能・機械学習・深層学習が，今後のどのように発展し，どのような場面でみなさんとかかわってくるのかを考えてみましょう。

●**この章の到達目標**

1. 学んできたデータサイエンスリテラシーを振り返る
2. データサイエンスリテラシーのかかわりを理解できる

第1章から第14章までの内容を振り返っておこう。

15 | 1 振り返り

　本書で何を学び，理解できたかを章ごとに振り返ってみましょう。各章の振り返りについてチェックしてみて，チェック欄 □ にチェックができない場合，すなわち，もし「書かれていることが理解できない」や「わからない」という場合には，それぞれの章に戻り復習をしましょう。

第1部　社会におけるデータサイエンス・人工知能活用事例

　データサイエンスリテラシーを学ぶに当たり，データサイエンス・人工知能活用の事例を通じて，必要な基礎知識の習得を行いました。より具体的に振り返っていきましょう。

□ 第1章 データサイエンスとは？ で理解したことは

　データサイエンス，人工知能，機械学習，深層学習の本書での定義を説明したのち，そもそも「データサイエンスリテラシーとは何か」，みなさんが「なぜデータサイエンスリテラシーを学ぶのか」を社会のさまざまな背景とともに見てきました。そして，本書では何を学びどのようなことを身につけて欲しいかをまとめ（1章 図1-1から図1-10），理解をしました。

□ 第2章 データサイエンスの応用事例 で理解したことは

　データサイエンスが私たちの生活の中で，どのように生かされているのかや応用されているのかを「身近な製品サービス」「社会・産業システム」から代表的な例を1.データサイエンスを使用して解決したい課題（困りごとは何か），2.誰のための技術か？誰が嬉しいのか？ 3.コア技術（使われている技術），4.解決策，に焦点を当て学び（さらに，紙面で学んだ例以外にも Web に Link で紹介をしています），応用事例を通じて，データサイエンスの重要性の理解を深めました。

□ 第3章 機械学習の基本とその精度評価 で理解したことは

　機械学習の基本的な流れ（1.データ収集，2.学習，3.予測）を学びました。その中で，学習方法（教師あり学習，教師なし学習）の種類についても見てきました。また，取得したデータをどのように学習に使用すればよいのか，教師データ，テストデータの役割，交差検証などを学び

ました。さらに，学習させたモデルについて，評価する際に用いる混同
行列，指標（基準）である正答率，適合率，再現率，F値について理解
を深めました。

第2部　データ分析技術の体験

　インターネット上にはさまざまなデータやそれらを分析・可視化でき
る便利なツールが公開されています。これらのデータやツールを使って
簡単な可視化やその分析の体験をし学びました。より具体的に見ていき
ましょう。

□ 第4章 データの可視化 で理解したことは

　データそのものは抽象度が高くなかなか人が直感的に理解をするのが
難しいものです。可視化（表・グラフなど）によってデータからさまざ
まな情報を抽出し，人の直感的な理解を助けることができます。データ
の可視化が必要な場面は大きく2つに分けられます。

　1. 自分で作って自分で見る。
　2. 他の人に見せて納得させる。

という場面です。1の場合には「データそのものを理解する」場面で必
要となり，可視化することにより，視覚的にデータのいろいろな面を表
示することで「データに語らせる」ことが可能になります。2の場面で
は，データ解析の結果を用いて，何らかの主張を第三者に納得させるた
めに可視化が重要になります。いずれにしても，データを可視化するこ
とにより，直観的かつ効率的に主張を伝えることができることになりま
す。一方で，不適切な可視化手法を選ぶと誤解をまねくので注意が必要
であるということも学びました。さまざまなグラフ，可視化手法の特徴
を知り，実際にそれらの手法を利用できるように演習を実施し理解を深
めました。

□ 第5章 テキストマイニング

　Web上で分析が可能なサイトを利用してテキストマイニングを体験
し，テキストマイニングで利用される自然言語処理技術の流れを学び理
解しました。また，得られた分析結果を考察する能力も養いました。

□ 第6章 ディープラーニング で理解したことは

　ディープラーニング（深層学習）とは何か？　からスタートして，な
ぜ最近このディープラーニングが注目されているのか，なぜこんなに広
くディープラーニングが広まったのか，また，なぜ精度がよいのかなど

を学びました。さらには，実際に Neural Network Console を用いて，ディープラーニングで「0」から「9」の手書き数字を見分けるプログラムを組み立て，カスタマイズして識別精度の向上に挑戦をし，ディープラーニングの枠組みをひととおり体験をし理解を深めました。

第3部　オープンデータ・オープンサイエンス で理解したことは

データサイエンスの中でたびたび目にするオープンデータ，オープンソフトウェア，オープンサイエンスという言葉，そもそもそれらは何なのかを学びました。また，データと倫理についても学びました。より具体的に振り返っていきましょう。

□ 第7章 オープンデータとは で理解したことは

世界的な潮流や東日本大震災をきっかけとして，政府や自治体が持つさまざまなデータがオープンデータとして提供される動きが広まってきています。このオープンデータとは何かを，ライセンスなどの関連知識とともに学びました。

□ 第8章 オープンデータの成り立ち で理解したことは

オープンデータのルーツはひととおりではなく，それぞれ独立に異なる背景から生まれています。このオープンデータの成り立ちを振り返り，オープンガバメントと呼ばれる政府や自治体のデータの公開に関する流れと，集合知と呼ばれる多くの人の知識を活用する流れ，さらに科学の発展にともなうオープンサイエンスの流れから成る，3つの成り立ちについて学びました。

□ 第9章 データと倫理 で理解したことは

データを取りまく「倫理的・法的・社会的課題（ELSI：エルシー）」について学びました。いくつかの事例をもとにより理解を深めました。さらに，データ取り扱いの健全性や個人情報保護とプライバシーについても学びました。

第4部　課題解決プロセスの体験

データサイエンスを用いた課題解決の過程をSDGsを題材に体験することにより学びました。より具体的に振り返っていきましょう。

□ **第 10 章 データサイエンスによる SDGs 課題解決への取組みで理解
したことは**

　まず，SDGs とは何か，SDGs の枠組みと責任について学び理解を
しました。また，SDGs の 17 のゴールのうち 1 つ以上を選び出し，そ
の項目の解決に向けデータサイエンスをどのように利用して解決に取り
組むかを調査・まとめをして，データサイエンスを利用した課題解決の
プロセスを体験し理解を深めました。

第 5 部　独自課題に向けたダッシュボード作成の体験

　データサイエンスにおけるダッシュボードの概要と事例について学ん
だあと，実際に自ら収集したデータを使ってダッシュボードを作成する
体験をしました。より具体的に振り返っていきましょう。

□ **第 11 章 データ収集の基礎 で理解したことは**

　何らかの目的に向けて実際にデータをそろえようとするとき，解析に
使うすべてのデータを自分で一から用意するのは費用や労力の面で大変
です。もし，世の中にあるデータを再利用できるなら，そのほうがずっ
と安くすみます。その一方で，データの再利用のためには一定の手間が
かかることが多いです。以上を踏まえて，データの種類と収集方法につ
いて理解しました。また，メタデータとは何かを理解し，データの前処
理の必要性とその大まかな手順について理解しました。

□ **第 12 章 データ収集演習 で理解したことは**

　第 11 章で学んだことを踏まえ，実際にデータを取得しデータの前処
理も体験しました。

□ **第 13 章　分類と回帰 で理解したことは**

　第 3 章で学んだ教師あり学習は，分類と回帰に分けることができます。
分類問題と回帰モデルについて，それぞれ代表的な方法の概念について，
例を用いて学びました。とくに分類問題については線形分類を，回帰モ
デルについては直線回帰を例に学び理解を深めました。

□ **第 14 章 ダッシュボードの作成 で理解したことは**

　ダッシュボードとは何か？や何のために作成されているのかなど，ダ
ッシュボードの概要と事例について学んだあと，第 12 章で収集したデ
ータを使ってダッシュボードを作成して理解を深めました。

　本書では「データサイエンス，人工知能，機械学習，ディープラーニングとは何か」や「データサイエンスリテラシーとは何か」から始め，私たちの身近な暮らしにデータやその分析がどのように活かされているのかをとおして，数理・データサイエンス・人工知能をさらに学ぶために必要な**最低限持っているべき素養，知識**すなわち，**データサイエンスリテラシー**を身につけてきました。

　データサイエンス，人工知能は，今後さらに発展し，ものづくり，サービス，社会問題，福祉，スポーツ，自然科学などだけではなく，ありとあらゆる分野で用いられることになるでしょう。しかし，**データサイエンスや人工知能が今後何を目指すべきかやその価値基準を決めるのは，やはり最終的には「みなさん自身（人）」である**，ということは心に留めておくべきです。

　また，みなさんが今後，専門の分野で活躍すればするほど，さまざまな条件の中で，膨大なデータに囲まれ分析をし，それをもとに判断を迫られることがあるでしょう。**データに基づく判断，それは「正しい知識と解釈」および「何度もの練習」が必要**であり，ここまで本書を読み進めきちんと理解をしたみなさんは「これができる人」としてのスタートラインに立ったということを強調し，本書を結びたいと思います。

　本書をきっかけに，データサイエンスや人工知能に興味を持ち，さらに専門的な勉強や研究を志す人を輩出できればと願っています。

索引

● 本書の関連資料を Web サイトで公開しています。

https://www.jikkyo.co.jp/ で

「データサイエンスリテラシー」を検索してリンクを参照してください。

提供資料：演習問題（Web で力だめし）と参考スライド等

■執筆

髙橋 弘毅 （たかはし ひろたか）　東京都市大学 教育開発機構／総合研究所宇宙科学研究センター　教授

市坪 誠 （いちつぼ まこと）　豊橋技術科学大学 高専連携地方創生機構／IT 活用教育センター　学長特別補佐，教授

河合 孝純 （かわい たかすみ）　東京都市大学 教育開発機構／総合理工学研究科情報専攻　教授

山口 敦子 （やまぐち あつこ）　東京都市大学 教育開発機構／総合理工学研究科情報専攻　教授

● 表紙カバーデザイン──難波邦夫
● 本文デザイン──(株)エッジ・デザインオフィス
● DTP 制作──ニシ工芸株式会社

データサイエンスリテラシー
応用事例と演習から学ぶ「誰も」が身につけたい力

2022 年 4 月 15 日　初版第 1 刷発行
2023 年 4 月 20 日　　　第 2 刷発行

● 執筆者　髙橋　弘毅（ほか 3 名）
● 発行者　小田良次
● 印刷所　中央印刷株式会社

● 発行所　実教出版株式会社
〒102-8377
東京都千代田区五番町 5 番地
電話［営　　業］(03) 3238-7765
　　　［企画開発］(03) 3238-7751
　　　［総　　務］(03) 3238-7700
https://www.jikkyo.co.jp/

無断複写・転載を禁ず

ISBN　978-4-407-35257-3　C3040　　　　　　　　　　　　Printed in Japan